职业技能培训鉴定教材

ZHIYEJINENGPEIXUNJIANDINGJIAOCAI

冲压模具工

（中级）

编审委员会

主　任　史仲光

副主任　王　冲　孙　颐

委　员　付宏生　宋满仓　陈京生　成　虹　高显宏　杨荣祥

　　　　申　敏　王锦红　袁　岗　朱树新　丁友生　王振云

　　　　王树勋　肖德新　韩国泰　吴建峰　钟燕锋　李玉庆

　　　　徐宝林　甘　辉　阎亚林　贺　剑　李　捷　曹建宇

　　　　田　晶　王达斌　李海林　李渊志　杭炜炜　郭一娟

　　　　程振宁

本书编审人员

主编　成　虹

编者　丁友生　王　冲　李　捷

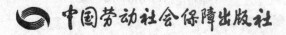

中国劳动社会保障出版社

图书在版编目（CIP）数据

冲压模具工：中级/机械工业职业技能鉴定指导中心，人力资源和社会保障部教材办公室组织编写. —北京：中国劳动社会保障出版社，2016

职业技能培训鉴定教材

ISBN 978 - 7 - 5167 - 2396 - 8

Ⅰ.①冲… Ⅱ.①机… ②人… Ⅲ.①冲模-职业技能-鉴定-教材 Ⅳ.①TG385.2 - 64

中国版本图书馆 CIP 数据核字（2016）第 047628 号

中国劳动社会保障出版社出版发行

（北京市惠新东街 1 号 邮政编码：100029）

*

北京北苑印刷有限责任公司印刷装订 新华书店经销

787 毫米×1092 毫米 16 开本 13 印张 286 千字

2016 年 4 月第 1 版 2016 年 4 月第 1 次印刷

定价：33.00 元

读者服务部电话：(010) 64929211/64921644/84626437

营销部电话：(010) 64961894

出版社网址：http://www.class.com.cn

内 容 简 介

本教材由机械工业职业技能鉴定指导中心、人力资源和社会保障部教材办公室组织编写。教材以《国家职业技能标准·模具工》（试行）为依据，紧紧围绕"以企业需求为导向，以职业能力为核心"的编写理念，力求突出职业技能培训特色，满足职业技能培训与鉴定考核的需要。

本教材介绍了中级冲压模具工要求掌握的职业技能和相关知识，主要内容包括冲压模具结构知识、冲压模具零件加工工艺规程及加工方法、模具钳工基本知识与技能以及单工序冲压模具制造案例。每一节后给出了单元测试题及答案，力求突出职业技能培训特色，满足职业技能培训与鉴定考核的需求。

本教材是中级冲压模具工职业技能培训与鉴定考核用书，也可供相关人员参加就业培训、岗位培训使用。

前　言

为满足职业培训、职业技能鉴定和广大劳动者素质提升的需要，机械工业职业技能鉴定指导中心、人力资源和社会保障部教材办公室、中国劳动社会保障出版社在总结以往教材编写经验的基础上，依据国家职业技能标准和企业对各类技能人才的需求，研发了针对院校实际的模具工职业技能培训鉴定教材，涉及模具工（基础知识）、冲压模具工（中级）、冲压模具工（高级）、冲压模具工（技师　高级技师）、注塑模具工（中级）、注塑模具工（高级）、注塑模具工（技师　高级技师）7本教材。新教材除了满足地方、行业、产业需求外，也具有全国通用性。这套教材力求体现以下主要特点：

在编写原则上，突出以职业能力为核心。教材编写贯穿"以职业标准为依据，以企业需求为导向，以职业能力为核心"的理念，依据国家职业技能标准，结合企业实际，反映岗位需求，突出新知识、新技术、新工艺、新方法，注重职业能力培养。凡是职业岗位工作中要求掌握的知识和技能，均作详细介绍。

在使用功能上，注重服务于培训和鉴定。根据职业发展的实际情况和培训需求，教材力求体现职业培训的规律，反映职业技能鉴定考核的基本要求，满足培训对象参加各级各类鉴定考试的需要。

在编写模式上，采用分级模块化编写。纵向上，教材按照国家职业资格等级编写，各等级合理衔接、步步提升，为技能人才培养搭建科学的阶梯型培训架构。横向上，教材按照职业功能分模块展开，安排足量、适用的内容，贴近生产实际，贴近培训对象需要，贴近市场需求。

在内容安排上，增强教材的可读性。为便于培训、鉴定部门在有限的时间内把最重要的知识和技能传授给培训对象，同时也便于培训对象迅速抓住重点，提高学习效率，在教材中精心设置了"学习目标"等栏目，以提示应该达到的目标，需要掌握的重点、难点、鉴定点和有关的扩展知识。

本系列教材在编写过程中得到桂林电器科学研究院有限公司、北京电子科技职业学院、大连理工大学、成都工业学院、辽宁省沈阳市交通高等专科学校、上海市工业技术学校、北京中德职业技能公共实训中心、广东今明模具职业培训学校、江苏省南通市工贸技工学校、南宁理工学校、南京信息职业技术学院、天津轻工职业技术学院、广东江门职业技术学院、厦门市集美职业技术学校、硅湖职业技术学院、江苏信息职业技术学院、随州职业技术学院、厦门市集美轻工业学校、北京精雕科技有限公司的大力支持和热情帮助，在此一并致以诚挚的谢意。

编写教材有相当的难度，是一项探索性工作。由于时间仓促，不足之处在所难免，恳切希望各使用单位和个人对教材提出宝贵意见，以便修订时加以完善。

机械工业职业技能鉴定指导中心

人力资源和社会保障部教材办公室

目 录

第 **1** 章

冲压模具结构知识

第一节 绪论

→ 熟悉冲压加工特点，掌握冲压工艺的分类

→ 了解冲压中级工的基本要求

一、冲压加工的特点及应用

冲压加工是指利用安装在压力机上的模具，对放置在模具里的板料施加变形力，使板料在模具里产生变形、分离或接合，从而获得一定形状、尺寸和性能的产品零件的生产技术。如图1—1所示，利用凸模与凹模对直径为 D 的板料加压，冲压出所需零件（该工艺为冲压加工中的拉深工艺）。

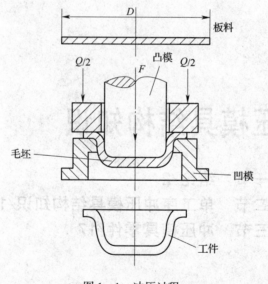

图1—1　冲压过程

由于冲压加工常在室温下进行，故又称冷冲压。冲压加工是利用压力对板料施加变形力成形制件的，因此，冲压加工也被称为金属压力加工。该加工方法是建立在金属塑性变形理论基础上的材料成形加工技术。冲压加工的原材料一般为板料或带料，故又称板料冲压。冲压工艺是指冲压加工的具体方法（各种冲压工序的总和）和技术经验；冲压模具是指将板料加工成冲压零件的特殊专用工具。模具是工艺的装备，是为工艺中某一特定工序服务的；工艺依附于模具，没有先进的模具技术，先进的冲压工艺无法实现。冲压工艺及冲模设计与制造是根据冲压零件的形状、尺寸精度及技术要求，制定冲压工艺方案，设计冲压模具，并对模具零件进行加工、装配、试模、检验的全部过程。

1. 冲压加工的特点

冲压生产靠模具和压力机完成加工过程，与其他加工方法相比，在技术和经济方面有以下特点：

（1）冲压件的尺寸精度由模具保证，具有一致性好的特征，所以质量稳定，互换性好。

（2）冲压件是利用模具加工而成的，所以冲压加工可获得其他加工方法所不能或难以制造的壁薄、质量轻、刚度高、表面质量高、形状复杂的零件。

（3）冲压加工一般不需要加热毛坯，也不像切削加工那样需大量切削金属，所以冲压加工不但节能，而且节省金属。

（4）对于普通压力机每分钟可生产几十件零件，而高速压力机每分钟可生产数百或上千件零件，所以它是一种高效率的加工方法。

（5）冲压零件的质量主要靠冲模来保证，对工人的技术等级要求不高，工人操作简单，便于组织生产。

冲压加工的不足主要表现在冲压加工时的噪声和振动方面。这些问题并不完全是冲压工艺及模具本身带来的，而主要是由于传统冲压设备的落后所造成的。另外，模具要求高，制造复杂，周期长，制造费用昂贵，因而小批量生产受到限制。再有，冲压件的精度取决于模具的精度，若零件精度要求过高，应用冲压生产难以达到要求。

2. 冲压加工的应用

由于冲压工艺具有上述突出的特点，因此，在国民经济各个领域广泛应用。例如，航空航天、机械、电子信息、交通、兵器、日用电器及轻工等产业都大量应用冲压加工。不但产业界广泛用到它，而且每一个人每天都直接与冲压产品发生联系。冲压加工可制造钟表及仪器中的小型精密零件，也可制造汽车、拖拉机的大型覆盖件。冲压材料可使用黑色金属、有色金属以及某些非金属材料。

二、冲压工艺的分类

生产中为满足冲压零件形状、尺寸、精度、批量大小、原材料性能的要求，冲压加工的方法是多种多样的。但是，概括起来可以分为分离工序与成形工序两大类。分离工序又可分为落料、冲孔和切断等，目的是在冲压过程中使冲压件与板料沿一定的轮廓线相互剪切分离，见表 1—1。成形工序可分为弯曲、拉深、翻边、胀形、缩口等，目的是使冲压毛坯在不破坏的条件下发生塑性变形，并转化成所要求制件的形状，见表 1—2。表 1—3 所列为立体塑性成形工序——立体冲压。

表 1—1　　　　　　　　　　　　　　　　分离工序

工序名称	简图	工序特征	应用范围
落料	工件	用模具沿封闭轮廓线冲切板料，冲下的部分为工件	用于制造各种形状的平板零件

续表

工序名称	简图	工序特征	应用范围
冲孔	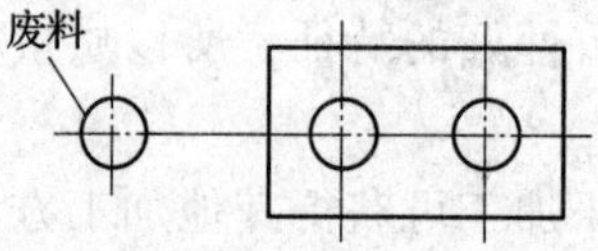 废料	用模具沿封闭轮廓线冲切板料，冲下的部分为废料	用于冲平板件或成形件上的孔
切断	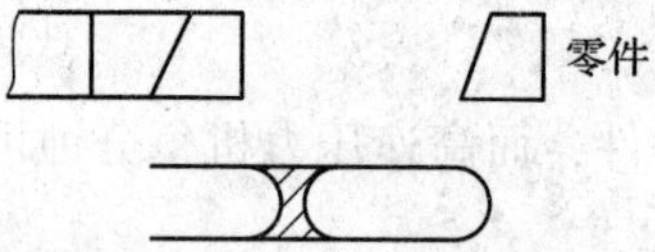 零件	用剪刀或模具切断板料，切断线不封闭	多用于加工形状简单的平板零件
切边	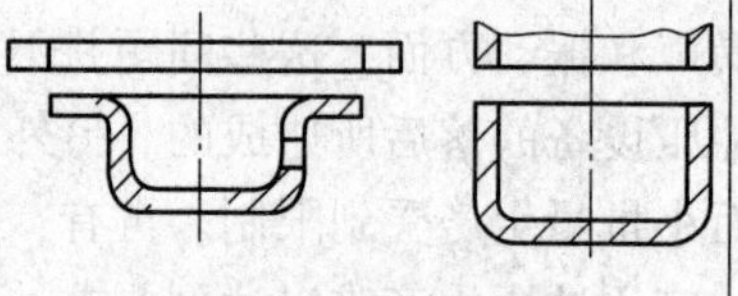	用模具将工件边缘多余的材料冲切下来	主要用于立体成形件
剖切	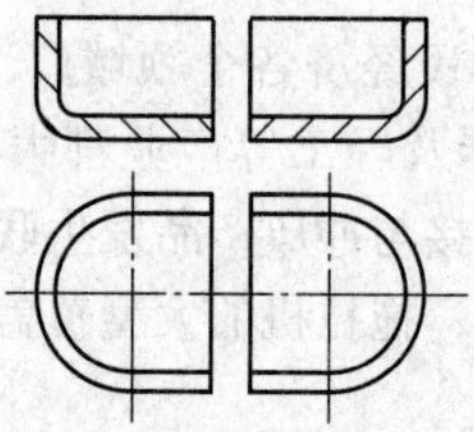	把冲压加工成的半成品切开成为两个或数个零件	多用于不对称的成双或成组冲压之后

表1—2　　　　　　　　　　　　成形工序

工序名称	简图	工序特征
弯曲	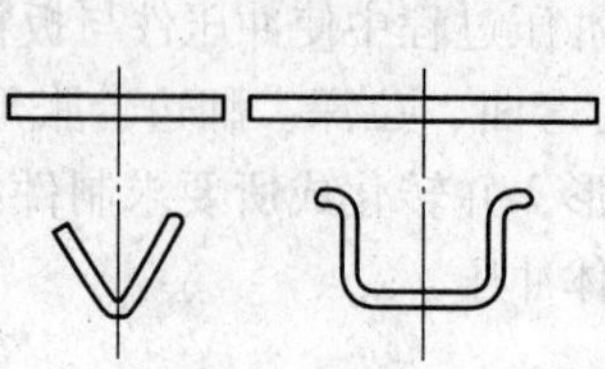	用模具使板料弯曲成一定角度或一定形状
拉深	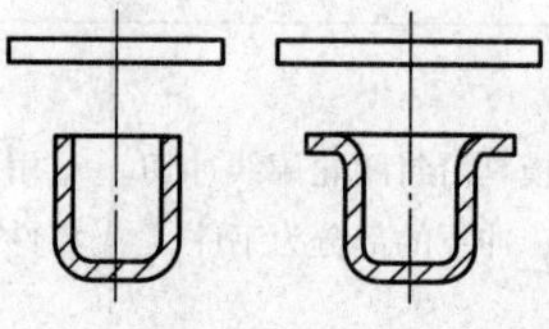	用模具将板料压成任意形状的空心件

续表

工序名称	简图	工序特征
翻边	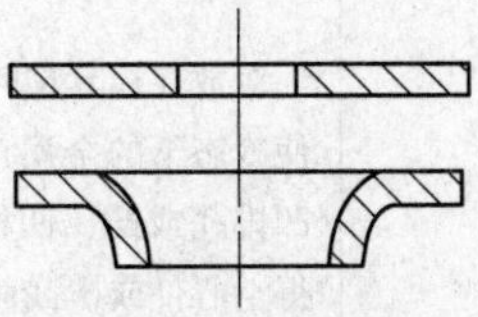	用模具将板料上的孔或外缘翻成直壁
胀形	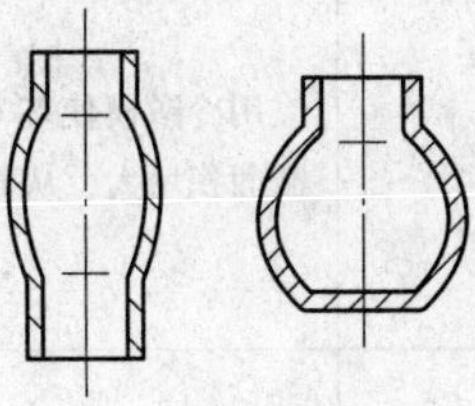	用模具对空心件施加向外的径向力，使局部直径扩张
缩口	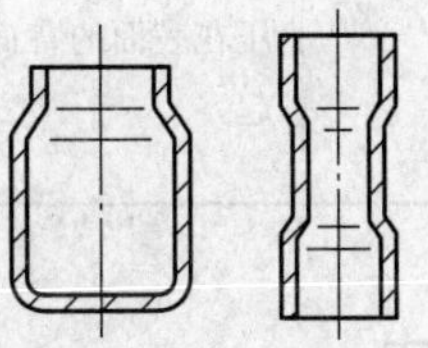	用模具对空心件口部施加由外向内的径向压力，使局部直径缩小
卷圆	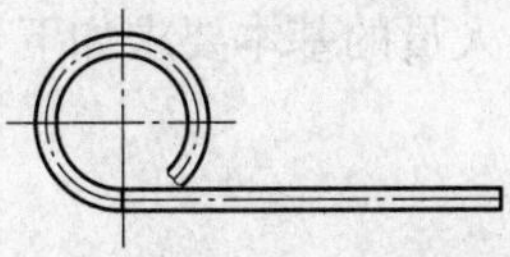	把板料端部卷成接近封闭的圆头，用以加工类似铰链的零件
扩口	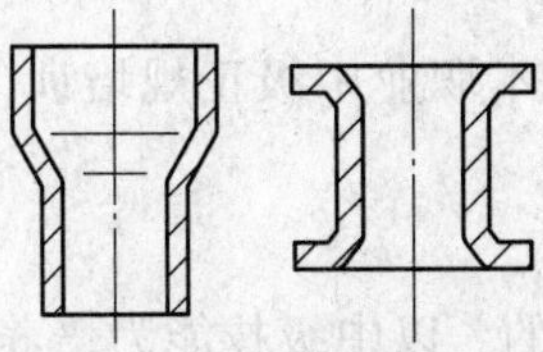	在空心毛坯或管状毛坯的某个部位上使其径向尺寸扩大的变形方法
校形	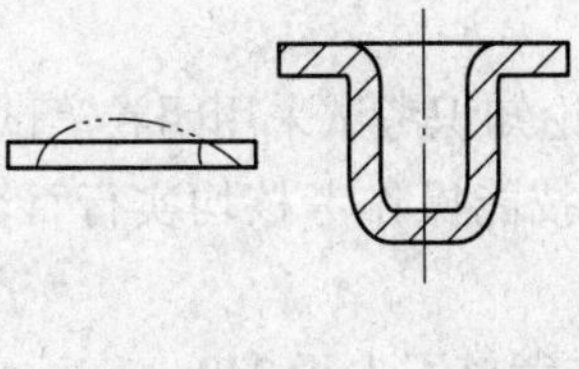	将工件不平的表面压平；将已弯曲或拉深的工件压成正确的形状

表1—3　　　　　　　　　　　　　　立体冲压

工序名称	工序简图	特点及应用范围
冷挤压		对放在模具型腔内的坯料施加强大压力，使冷态下的金属产生塑性变形，并将其从凹模孔或凸、凹模之间的间隙挤出，以获得空心件或横截面积较小的实心件
冷镦		用冷镦模使坯料产生轴向压缩，使其横截面积增大，从而获得螺钉、螺母类零件
压花		压花是强行局部排挤材料，在工件表面形成浅凸花纹、图案、文字或符号，但在压花表面的背面并无对应于浅凹花纹的凸起

三、冲压模具工（中级）的基本要求

《国家职业技能标准·模具工》（2008年修订）中对从事冲压职业的人员，即按技术要求对模具进行加工、装配、调试和维修的人员的基本要求如下：

1. 基本文化程度与职业能力特征

具备高中毕业或同等学力。

具有较强的学习能力、计算能力和空间感、形体知觉及色觉，手指、手臂灵活，动作协调性强。

2. 冲模中级工申报条件（具备下列条件）

（1）连续从事本职业工作2年以上，经本职业中级正规培训，达到标准学时数，并取得结业证书。

（2）连续从事本职业工作4年以上。

（3）取得经劳动保障行政部门审核认定的、以中级技能为培养目标的中等及以上职业学校本职业（专业）在校生（两年以上），并经本职业中级正规培训。

（4）具有钳工类中级及以上职业资格证书，连续从事本职业工作1年以上。

3. 职业资格鉴定方式

分为理论知识考试和技能操作考核。理论知识考试采用闭卷笔试方式，技能操作考核采用现场实际操作方式。理论知识考试和技能操作考核均实行百分制，成绩皆达60分及以上者为合格。

理论知识考试不少于120 min。技能操作考核不少于240 min。

4．基本要求

（1）职业道德

具备职业道德基本知识。遵守法律、法规及相关规定；爱岗敬业，具有高度的责任感和事业心。

严格执行工作程序、工作规范、工艺文件和安全操作规程。工作认真负责，团结合作。爱护设备及工具、夹具、刀具、量具。

着装整洁，符合规定；保持工作环境清洁有序，文明生产。

（2）机械基础知识

具备机械制图知识、极限与配合知识、常用模具材料及热处理基础知识、常用制品材料基础知识、计算机应用基础知识。

（3）专业基础知识

具备冲压制件及冲压成形工艺与模具基础知识、冲压模具零部件机械加工工艺基础知识、模具零部件特种加工工艺基础知识（电火花加工、线切割加工等）、数控加工与编程基础知识、钳工基础知识（划线、錾削、锉削、锯削、钻孔、铰孔、攻螺纹、套螺纹），以及冲压模具装配、调试、保养、维修等基础知识，常用工具、夹具、量具，冲压设备使用与维护知识。

（4）安全文明生产与环境保护知识

具备现场文明生产的基本素质、安全操作与劳动保护知识、环境保护知识。

（5）质量管理知识

企业的质量方针、岗位的质量要求、岗位的质量保证措施与责任。

5．冲压模具工（中级）考核技能和相关知识点（见表1—4）

表1—4　　　　　　　　冲压模具工（中级）考核技能和相关知识点

职业功能	工作内容	技能要求	相关知识
一、零部件加工	（一）读图与绘图	1．能读懂冲孔模、落料模等简单模具零件图及装配图 2．能绘制轴、套等简单零件图	1．模具零件图、装配图识读方法 2．绘制零件图的方法
	（二）识读工艺	1．能读懂零件机械加工工艺规程 2．能读懂冲孔模、落料模等简单模具装配工艺规程	1．车削、铣削、磨削加工工艺 2．模具装配工艺规程
	（三）划线	1．能选用划线工具 2．能完成模板等零件的划线工作	1．划线工具的选用、使用、维护及保养 2．模具零件的划线方法，划线基准的选择原则
	（四）孔加工	1．能钻、铰 IT8 及以下精度孔 2．能攻 M20 以下的螺纹（通孔） 3．能刃磨标准麻花钻	1．钻孔、铰孔的加工工艺 2．攻螺纹的工艺及方法 3．钻头刃磨方法

职业功能	工作内容	技能要求	相关知识
一、零部件加工	（五）零件修配	1. 能手工制作配合零件，并达到（IT9）配合精度 2. 能手工修配 $R3$ mm 以上圆角 3. 能修配斜面 4. 能修配局部嵌件	1. 锉削加工方法 2. 模具修配工艺与方法 3. 多元组合几何图形的配合件制作与修配方法
	（六）零件研磨、抛光	1. 能选择研磨、抛光工具和研磨料 2. 能制作简单研磨工具对孔进行研磨 3. 能对模具成形零件进行研磨和抛光，研磨精度达到 IT8 级及以下，抛光表面粗糙度 $Ra \leqslant 0.4$ μm	1. 研磨、抛光的操作方法和检测方法 2. 常用研磨料的性能及用途 3. 研磨工具的种类、应用和设计方法
二、模具装配	（一）冲模部（组）件装配	1. 能装配滑动导向模架 2. 能装配冲孔、落料类复合模具的凸（凹）模 3. 能装配制件精度达到 IT8 级的单工序模具定位装置、卸料装置	1. 冲模模架技术条件 2. 冲模模架装配方法 3. 导柱、导套配合间隙的选配 4. 凸、凹模机械固定法和黏结固定法 5. 调整凸、凹模间隙的透光法、垫片法 6. 单工序冲模定位装置、卸料装置装配方法
	（二）冲模总装配	能装配冲孔、落料等较简单复合模具（制件精度达到 IT8 级）	1. 冲模装配技术要求 2. 较简单冲模结构与装配基础
三、质量检验	（一）零部件检验	1. 能使用百分表、游标量具、千分尺、量块等通用量具检验零部件 2. 能使用截面样板检验零部件	1. 常用量具的原理与使用方法 2. 样板检验方法
	（二）冲模总装配检验	1. 能完成模具外观检验 2. 能检验凸、凹模间隙 3. 能完成制件精度达到 IT8 级的冲孔、落料等简单复合模具精度检验	1. 冲模精度检验方法 2. 切纸法检验方法 3. 塞尺测量方法

职业功能	工作内容	技能要求	相关知识
四、试模与修模	（一）冲模试模	1. 能在单动压力机上安装冲孔、落料等简单复合模具 2. 能按工作程序试模	1. 单动压力机结构与安全操作规程 2. 在单动压力机上安装简单复合模具的方法 3. 冲模试模的工作程序及注意事项 4. 起重设备安全使用规程
	（二）冲模调整	1. 能进行试件质量检验 2. 能完成制件精度达到IT8级的单工序冲裁模具、弯曲模具凸、凹模刃口及间隙的调整工作 3. 能完成制件精度达到IT8级的单工序模具定位装置、卸料装置的调整工作	1. 冲压试件质量检验程序 2. 冲裁模具、弯曲模具调整方法 3. 单工序模具定位装置、卸料装置调整方法 4. 冲压成形工艺要求
	（三）模具维修	1. 能拆装、清洗单工序冲裁模 2. 能判断模具刃口磨损情况并进行刃磨等修理	1. 模具拆装、清洗方法 2. 模具刃口刃磨方法
五、设备维护	（一）设备检查	能进行设备的电、气、液及开关等常规检查	设备电、气、液及开关等常规检查要求
	（二）设备日常维护及保养	能进行常用设备的日常保养	设备日常保养要求

6. 职业资格考核比重表

（1）理论知识点考核比重表见表1—5。

表1—5   **理论知识点考核比重表**

项目		中级（%）
基本要求	职业道德	5
	基础知识	25
相关知识	零部件加工	20
	模具装配	20
	质量检验	10
	试模与修模	10
	设备维护	10
	培训与管理	—
合计		100

（2）技能操作考核比重表见表1—6。

表1—6　　　　　　　　　　技能操作考核比重表

项目		中级（％）
工作要求	零部件加工	20
	模具装配	30
	质量检验	20
	试模与修模	20
	设备维护	10
	培训与管理	—
合计		100

第二节　单工序冲压模具结构知识

→ 能够熟读单工序冲压模具典型结构图
→ 能够设计单工序冲压模具并绘制典型冲压模具零件图

一、单工序模具的特点

1. 冲压模具的分类

冲压模具按工序组合方式可分为单工序模、复合模和级进模，这也是最常用的分类方法。

单工序模具是指在压力机一次冲压行程内只完成一种冲压工序的模具，而不论凸模是单个还是多个，如冲孔模、落料模、弯曲模等。单工序模具的特点是模具结构简单，生产效率低，需要多道冲压工序完成加工，其冲压件累积误差较大。它主要用于产品试制或小批量生产，且精度要求不高的冲压件。

复合模是指在压力机的一次工作行程中，在模具同一工作位置同时完成两道及以上不同冲压工序的模具，属工序集中方案。复合模的设计难点是如何在同一工作位置上合理地布置多对凸、凹模。其模具的特点是结构紧凑，生产效率高，制件精度高，特别是制件孔相对外形的位置度容易保证。另外，复合模结构较复杂，当凸、凹模壁厚较薄时，模具强度较低；复合模对模具零件制造精度和装配精度要求也较高。

级进模又称连续模、跳步模，是指压力机在一次行程中，依次在模具不同的工作位置上同时完成多道冲压工序的冲模。制件的完整成形是在级进（跳步）过程中逐渐分步完成的。级进成形属于工序集中的工艺方法，它可使切边、切口、切槽、冲孔、成形、落料等多种不同性质的冲压工序在一副模具上完成。由于用级进模冲压时，冲压件是依次在不同位置上逐步成形的，因此，要控制冲压件的孔与外形的相对位置精度就必须严格控制送料步距。级进模生产效率高，适用于大批量生产以及不宜采用复合模成形的形状复杂的异形工件。

2. 单工序模具的分类

单工序模具按照不同的工序性质可分为落料模、冲孔模、切边模、切断模、弯曲模、拉深模、翻边模等；按上、下模的导向方式可分为无导向的开式模和有导向的导板模、导柱模、导筒模等；按凸、凹模的结构和布置方法可分为整体模和镶拼模、正装模和倒装模；按凸、凹模的材料可分为硬质合金冲模、钢皮冲模、锌基合金冲模、聚氨酯冲模等。上述各种分类方法从不同的角度反映了模具结构的不同特点。下面以常见单工序模具类型分析模具的结构及其特点。

二、单工序模具的典型结构

1. 无导向的开式简单冲模

（1）无导向的敞开式落料模

如图1—2所示为敞开式落料模，组成模具的零件不多，结构简单，制造成本低。其凸模和凹模通过固定板由螺钉、销钉锁定在上、下模座上。用固定挡料销定位冲裁板

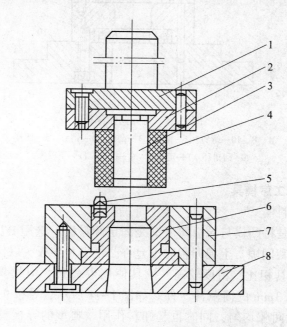

图1—2 敞开式落料模

1—上模座 2—凸模固定板 3—凸模 4—橡胶 5—固定挡料销
6—凹模 7—凹模固定板 8—下模座

料，用箍在凸模上的橡胶来完成卸料。由于无导向装置，凸模的运动仅靠冲床导轨导向，导向精度低，因此不易保证均匀的冲裁间隙，故冲裁件的精度不高。该模具安装麻烦，生产效率低，模具刃口容易碰伤磨损，工作时不太安全。所以仅用于生产批量不大、精度要求低、外形较简单的零件的冲裁加工。

（2）无导向拉深模

如图1—3所示为无导向拉深模，毛坯安放在定位板7内定位，凸模工作部分长度较长，使拉深件口部位于刮料环6下平面，凸模回程时在拉簧9的作用下，刮料环从凸模上刮下零件，使零件从下模座的孔中和机床台面孔中掉下。当料厚大于2 mm时，可取掉弹簧刮料环，利用拉深件口部回弹尺寸变大时，依靠凹模脱料颈台阶卸件。

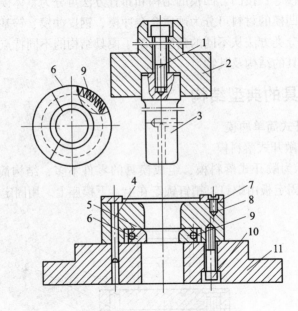

图1—3　无导向拉深模

1、8、10—螺钉　2—模柄　3—凸模　4—销钉　5—凹模

6—刮料环　7—定位板　9—拉簧　11—下模座

2．有导向的单工序模具

（1）导板式落料模

导板式落料模是将凸模与导板间（又是固定卸料板）选用H7/h6的小间隙配合，且该间隙值小于冲裁间隙。上模回程时不允许凸模离开导板，以保证对凸模的导向作用。它与敞开式模具相比，精度较高，模具使用寿命长，但模具制造要困难一些，常用于料厚大于0.3 mm的简单冲压件。如图1—4所示，导板9主要为凸模7起导向作用，保证冲裁间隙均匀，同时也起卸料作用。典型的导板模，其凸模应始终不脱离导板，以保证导向精确，因此要求导板模所用压力机行程要小（一般不大于20 mm）。

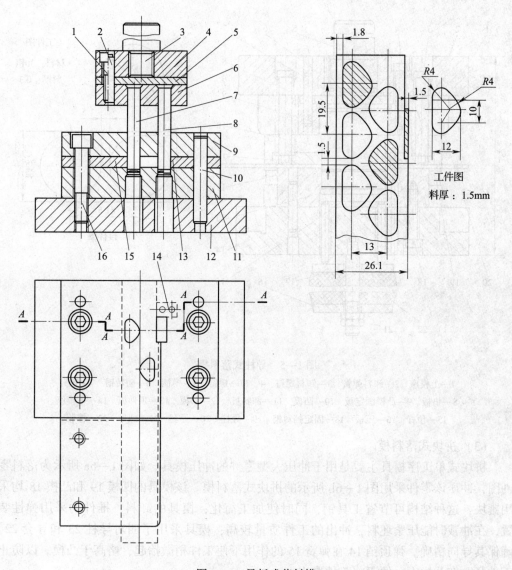

图 1—4　导板式落料模

1、16—螺钉　2、10—销钉　3—模柄　4—上模座　5—垫板　6—凸模固定板　7—凸模
8—定距侧刃　9—导板　11—凹模　12—下模座　13、15—导料板　14—侧刃挡块

（2）导柱式落料模

如图 1—5 所示为带导柱的弹顶落料模。工作时上、下模由导柱、导套进行导向，间隙容易保证，并且该模具采用弹压卸料和弹压顶出的结构，冲压时板料全部被上下压紧后完成分离。采用该结构零件冲压时变形小，平整度高。该结构广泛用于材料厚度较小，且有平面度要求的金属件和易于分层的非金属件。导柱模导向精度高，所以能提高制件精度，且保证凸模与凹模的间隙比较均匀，使模具刃口的磨损减轻，使用寿命延长。模具的安装、调整、使用也更方便。它的缺点是制造成本较高，一般适用于冲裁批量较大、精度要求较高的零件。

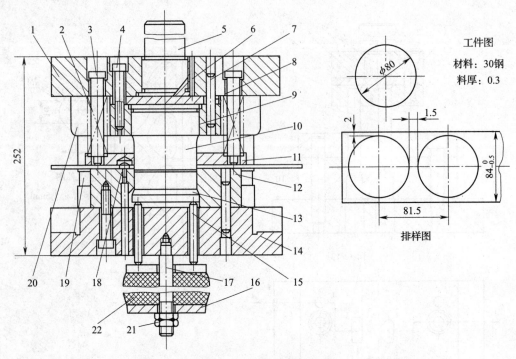

图1—5 导柱式落料模

1—上模座 2—卸料弹簧 3—卸料螺钉 4、17—螺钉 5—模柄 6—防转销 7—销钉
8—垫板 9—凸模固定板 10—凸模 11—卸料板 12—凹模 13—顶件板 14—下模座
15—顶杆 16—压板 18—固定挡料销 19—导柱 20—导套 21—螺母 22—橡胶

（3）拼块式落料模

拼块式单工序模具主要是用于冲压大型零件的冲压模具。如图1—6a所示为落料零件图，冲压该零件采用图1—6b所示的拼块式落料模。该模具的凹模19和凸模18均采用镶块，这种结构可节省工具钢，同时使加工简化；模具的卸料、推件均采用弹性装置，在冲裁时能压紧坯料，冲出的工件质量较高；模具采用了四对导柱23和导套22，确保其导向精确。弹顶销14在弹簧15的作用下使工件稍微抬起，略高于凸模，以防止工件紧贴在凸模上，便于将工件取出。

（4）冲孔模（拉深件冲孔）

如图1—7b所示的零件是一带有侧壁孔的拉深件，冲压侧壁孔可采用图1—7a所示的结构，依靠固定在上模的斜楔1来推动滑块4，使凸模5做水平方向移动，完成零件侧壁冲孔工作（也可冲槽、切口等）。斜楔的返回行程运动是靠橡胶或弹簧完成的。斜楔的工作角度α以40°～45°为宜。40°斜楔滑块机构的机械效率最高，45°滑块的移动距离与斜楔的行程相等。需较大冲裁力的冲孔件，α可采用35°，以增大水平推力。此种结构的凸模常对称布置，最适宜壁部对称孔的冲裁。图1—7c采用的是悬臂式凹模结构，可用于圆筒形件侧壁的冲孔、冲槽等。毛坯套入凹模3，由定位环7控制轴向位置。此种结构可在侧壁上完成多个孔的冲制。在冲压多个孔时，结构上要考虑分度定位机构。

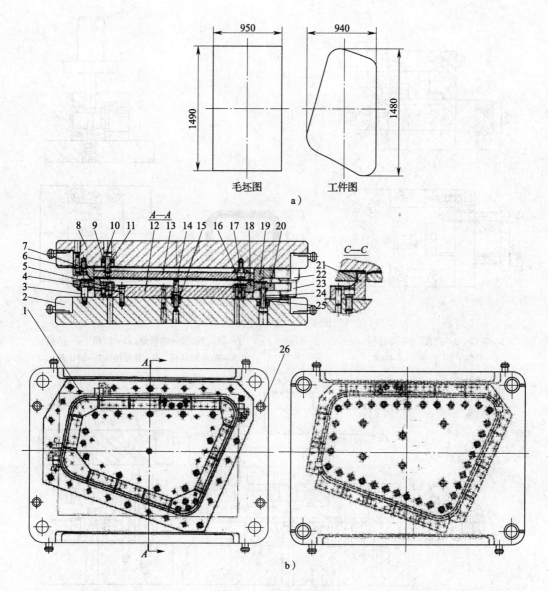

图 1—6　拼块式落料模

1—挡料销　2—下模座　3—卸料螺钉　4、6、17—螺钉　5、7、16—销钉　8—上模座
9—套圈　10、25—卸料螺钉　11、15、24—弹簧　12—凸模固定板　13—推件板　14—弹顶销
18—凸模镶块　19—凹模镶块　20—卸料板　21—废料切刀　22—导套　23—导柱　26—限位柱

（5）厚料冲孔模

如图 1—8 所示为厚料冲孔模（俯视图左半部分为下模投影，右半部分为上模投影），适用于在 6 mm 以上的厚料上冲孔。带锥尾的凸模 6 用螺母 7 紧固在固定座 8 上，这种结构紧固力强，更换方便。凸模 6 头部带凸肩，有自动定位作用，以减少凸模的折断现象。定位板 2 可在固定板 1 上移动到合适位置后用螺栓 4 和螺母 3 紧固。移动时用定位板 2 上的柱销 5 在固定板上的槽内导正。废料漏入压力机台面的孔内。

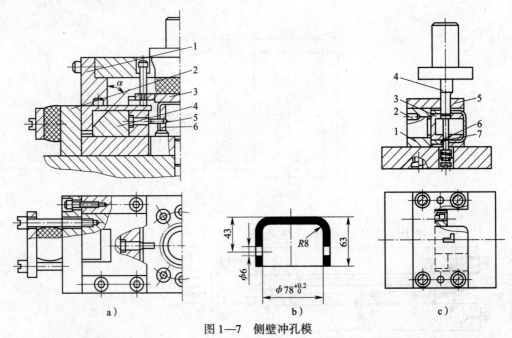

图 1—7　侧壁冲孔模

1—斜楔　2—挡板　3—弹压板　　　　1—固定板　2—防转销　3—凹模　4—凸模
4—滑块　5—凸模　6—凹模　　　　　5—固定卸料板　6—分度销　7—定位环

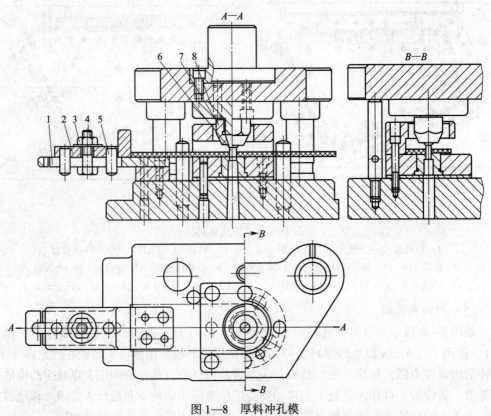

图 1—8　厚料冲孔模

1—固定板　2—定位板　3、7—螺母　4—螺栓　5—柱销　6—凸模　8—固定座

第三节　冲压模具零件

→ 掌握各类冲压模具零件的特点

→ 熟悉冲压模具工作零件的典型结构、材料选择及主要技术要求

　　根据模具零件的不同作用，可将模具零件分为工艺零件和结构零件两大类。工艺零件是在完成冲压工序时与材料或制件直接发生接触的零件；结构零件是在模具的制造和使用中起装配、安装、定位作用的零件，以及制造和使用中起导向作用的零件。冲压模具零件的详细分类如图 1—9 所示。

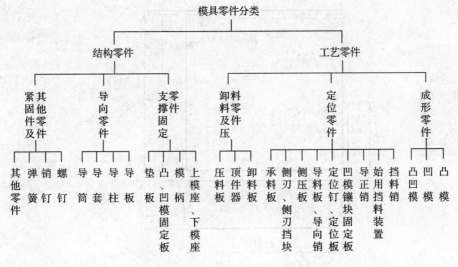

图 1—9　冲压模具零件的分类

一、凸模与凹模

1. 凸模

（1）凸模的结构形式

　　凸模结构一般分成两部分，一部分为用作冲压的工作部分（刃口），另一部分是用作固定连接的固定部分。凸模工作部分的截面形状与相对应的凹模型孔完全一致，刃口尺寸可用计算公式计算确定，也可按凹模实际尺寸配制。

　　凸模结构通常分为两大类，一类是镶拼式，如图 1—10 所示；另一类为整体式。中、小型凸模常采用整体式，大型凸模为节省模具材料可采用镶拼结构，有些中、小尺寸的凸模，为了便于模具的加工或维修也可采用镶拼结构，如图 1—10c、d 所示。

　　整体式凸模按工作部分与固定部分结构不同又分为以下两种：

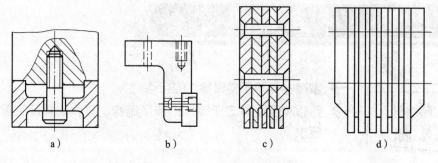

图1—10 镶拼式凸模

1）直通式。其工作部分与固定部分的形状和尺寸完全相同，如图1—11所示，此类凸模可用线切割或铣削、磨削加工；其冲裁工作部分（全长的1/3左右）淬火，固定部分不淬火（也可以整体淬火后，将固定部分局部退火），保持韧性以及方便反铆固定。

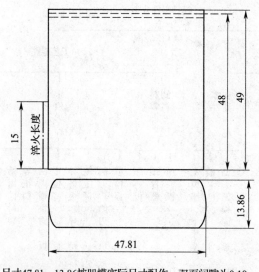

1.尺寸47.81、13.86按凹模实际尺寸配作，双面间隙为0.19。
2.材料为T10A。
3.热处理后硬度为58~60HRC。

图1—11 直通式凸模

2）阶梯式。一般用于截面较小、强度较低的凸模，若工作部分为圆形，其固定部分也为圆形，只是由刃口到固定端的直径逐渐增大，如图1—12所示。圆形阶梯式凸模常用车削、磨削加工。若刃口为非圆形，固定端多用方形、矩形，常用仿形铣或数控铣加工后，再用成形磨削加工。若工作部分为非圆形而固定部分为圆形，则要增加防转销定位。

（2）凸模长度的确定

凸模长度应根据模具结构的需要来确定。

若采用固定卸料板和导料板结构，如图1—13a所示，凸模长度为：

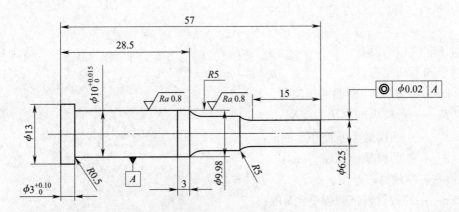

1.尺寸$\phi 6.25$按凹模实际尺寸配作，双面间隙为0.19。
2.材料为T10A。
3.热处理后硬度为58~60HRC。

图1—12 阶梯式圆凸模

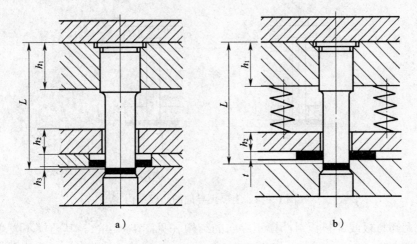

a) b)

图1—13 凸模长度的确定

$$L = h_1 + h_2 + h_3 + (15 \sim 20) \qquad (1—1)$$

若采用弹压卸料板，如图1—13b所示，凸模长度为：

$$L = h_1 + h_2 + t + (15 \sim 20) \qquad (1—2)$$

式中：h_1、h_2、h_3、t——分别为凸模固定板、卸料板、导料板、材料的厚度，mm；

15~20——附加长度，包括凸模的修磨量，凸模进入凹模的深度及凸模固定板与卸料板间的安全距离，mm。

（3）凸模强度的校核

一般情况下凸模的强度是足够的，不必进行强度计算。但对细长的凸模，或凸模断面尺寸较小而冲压毛坯厚度又比较大的情况下，必须进行承压能力和抗纵向弯曲能力两方面的校验，以保证凸模工作的安全。

1）凸模承载能力校核。凸模最小断面承受的压应力 σ 必须小于凸模材料强度允许

的压力 $[\sigma]$，即：

$$\sigma = F_P / S_{\min} \leqslant [\sigma]$$

对于非圆形凸模有： $\qquad S_{\min} \geqslant F_P / [\sigma]$ （1—3）

对于圆形凸模有： $\qquad d_{\min} \geqslant 4t\tau / [\sigma]$ （1—4）

式中　σ——凸模最小断面的压应力，MPa；

　　F_P——凸模纵向总压力，N；

　　$S_{\min}$——凸模最小断面积，mm^2；

　　$d_{\min}$——凸模最小直径，mm；

　　t——冲裁材料厚度，mm；

　　τ——冲裁材料抗剪强度，MPa；

　　$[\sigma]$——凸模材料的许用压应力，MPa。

2）凸模失稳弯曲极限长度。凸模在轴向压力（冲裁力）的作用下，不产生失稳弯曲极限长度 $L_{\max}$ 与凸模的导向方式有关，如图1—14所示为有、无导向的凸模结构。

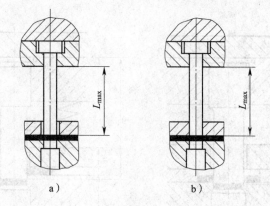

图1—14　有、无导向的凸模结构

对于无卸料板或卸料板对凸模不导向的结构（见图1—14a），其凸模不发生失稳弯曲的极限长度为：

圆形截面凸模 $\qquad L_{\max} \leqslant 30d^2 / \sqrt{F_P}$ （1—5）

非圆形截面凸模 $\qquad L_{\max} \leqslant 135 \sqrt{J/F_P}$ （1—6）

对于卸料板对凸模导向的结构（见图1—14b），其不发生失稳弯曲的凸模最大长度为：

圆形截面凸模 $\qquad L_{\max} \leqslant 85d^2 / \sqrt{F_P}$ （1—7）

非圆形截面凸模 $\qquad L_{\max} \leqslant 380 \sqrt{J/F_P}$ （1—8）

式中　F_P——凸模的冲裁力，N；

　　d——凸模直径，mm；

　　J——凸模最小横截面的轴惯性矩，mm^4。

据上述公式可知，凸模弯曲不失稳时的最大长度 $L_{\max}$ 与凸模截面尺寸、冲裁力的大小、材料力学性能等因素有关。同时还受到模具精度、刃口锋利程度、制造过程、热处理等的影响。为防止小凸模折断和失稳，常采用图 1—15 所示结构进行保护。

（4）凸模材料

模具刃口要求有较高的耐磨性，并能承受冲裁时的冲击力。因此应有高的硬度与适当的韧性。形状简单且模具使用寿命要求不高的凸模可选用 T8A、T10A 等材料；形状复杂且模具使用寿命有较高要求的凸模应选 Cr12、Cr12MoV、CrWMn 等制造，硬度取 58 ~62HRC。要求使用寿命长、耐磨性高的凸模可选硬质合金材料（冲裁不锈钢材料的小尺寸凸模常选用 SKH – 51）。凸模工作部分的表面粗糙度 Ra 值为 1.25 ~0.32 μm，固定部分 Ra 值为 2.5 ~0.63 μm。

（5）凸模护套

如图 1—15a、b 所示为两种简单的圆形凸模护套。图 1—15a 所示护套 1、凸模 2 均用铆接固定。图 1—15b 所示护套 1 采用台肩固定，凸模 2 很短，上端有一个锥形台，以防卸料时拔出凸模，冲裁时，凸模依靠心轴 3 承受压力。图 1—15c 所示护套 1 固定在卸料板（或导板）4 上，护套 1 与上模导板 5 为 H7/h6 的配合，凸模 2 与护套 1 为 H8/h8 的配合。工作时护套 1 始终在上模导板 5 内滑动而不脱离（起小导柱作用，以防卸料板在水平方向摆动）。当上模下降时，卸料弹簧压缩，凸模从护套中伸出冲孔。此结构有效地避免了卸料板的摆动和凸模工作端的弯曲，可冲厚度大于直径两倍的小孔。图 1—15d 为一种比较完善的凸模护套，三个等分扇形块 6 固定在固定板中，具有三个等分扇形槽的护套 1 固定在导板 4 中，可在固定扇形块 6 内滑动，因此可使凸模在任意位置均处于三向导向与保护之中。但其结构比较复杂，制造比较困难。采用图 1—15c、d 两种结构时应注意两点：当上模处于上止点位置时，护套 1 的上端不能离开上模的导向元件（如上模导板 5、扇形块 6），其最小重叠部分长度不小于 3 ~5mm；当上模处于下止点位置时，护套 1 的上端不能受到碰撞。

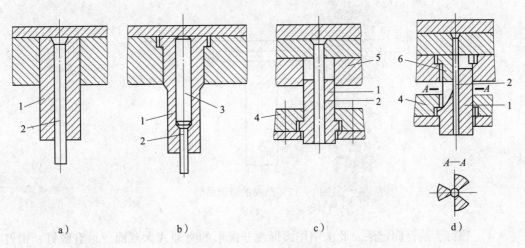

图 1—15　凸模护套

1—护套　2—凸模　3—心轴　4—卸料板（或导板）　5—上模导板　6—扇形块

（6）凸模的固定方法

凸模固定到固定板中的配合或间隙对不要求常拆换的凸模用 N7/m6 或 M7/m6（双

边 0.02 mm 过盈）；需要经常更换的凸模一般用 H7/h6（双边 0.01 mm 的间隙），弹压导板模中凸模与固定板为 0.1 mm 的双面间隙。

1）铆接固定法。一般用作非圆形小截面直通式凸模的固定，就是将固定板的型孔倒角 $C1$ mm 后，再将反铆后的凸模装入，最后一起磨平，如图 1—16 所示凸模 3 的固定。

2）台肩固定法。一般用作圆形小截面台阶式凸模的固定，使固定板的型孔与凸模固定部分形状一致，如图 1—16 所示凸模 4 的固定。

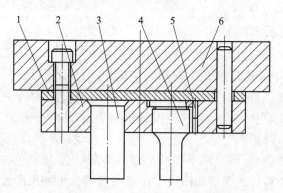

图 1—16　凸模的固定方法

1—垫板　2—凸模固定板　3、4—凸模　5—防转销　6—上模座

3）横销吊装法。该方法用于圆形或非圆形小截面直通式凸模的固定。在凸模的尾部加工一横孔后穿入一横销，在固定板的背面（与垫板接触的面）铣出一横销让位台阶，将带有横销的凸模装入固定板型孔后，将凸模尾部和固定板背面一起磨平，如图 1—17 所示。

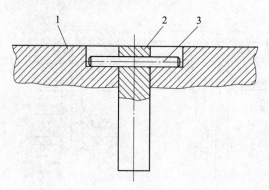

图 1—17　凸模的横销吊装

1—固定板　2—凸模　3—横销

4）螺钉、销钉固定法。此法用作圆形或非圆形的直通式大截面，且有螺钉、销钉分布位置的凸模固定，如图 1—18 所示。

5）浇注粘接固定法。此法主要用于小凸模的固定，如图 1—19 所示。

6）快换式凸模的固定法。此法用于大型冲模中冲小孔的易损凸模，以便于修理与更换，如图 1—20 所示。

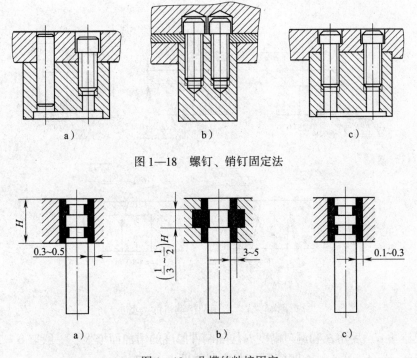

图 1—18　螺钉、销钉固定法

图 1—19　凸模的粘接固定

a）环氧树脂浇注固定　b）低熔点合金浇注固定　c）无机黏结剂固定

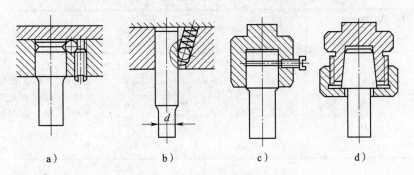

图 1—20　快换式凸模的固定方法

a）、b）钢球锁紧　c）螺钉锁紧　d）螺纹环压紧

2. 凹模

（1）凹模洞口的类型

常用凹模洞口的类型如图 1—21 所示，其中 a、b、c 型为直筒式刃口凹模。其特点是制造方便，刃口强度高，刃磨后工作部分尺寸不变。广泛用于冲裁公差要求较小、形状复杂的精密制件。但因废料或制件在洞壁内的聚集而增大了推件力和凹模的胀裂力，给凸、凹模的强度都带来了不利的影响。一般复合模和上出件的冲裁模用 a、c 型，下出件的用 a 或 b 型。d、e 型是锥筒式刃口，在凹模内不聚集材料，侧壁磨损小，但刃口强度差，刃磨后刃口径向尺寸略有增大（如 $\alpha = 30°$ 时，刃磨 0.1 mm，其尺寸增大0.0017 mm）。

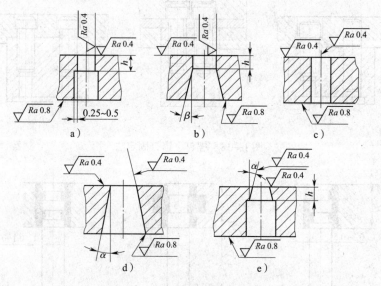

图1—21　常用凹模洞口的类型

凹模锥角 α、后角 β 和洞口高度 h 均随制件厚度的增加而增大，一般取 $\alpha = 15' \sim 30'$、$\beta = 2° \sim 3°$、$h = 4 \sim 10$ mm。凹模洞口主要参数见表1—7。

表1—7 凹模洞口主要参数

主要参数 材料厚度 t/mm	α	β	h/mm	备注
≤0.5			≥4	α、β 值仅适用于钳工加工。电加工制造凹模时，一般 $\alpha = 4' \sim 20'$（复合模取较小值）
>0.5 ~1.0	15′	2°	≥5	
>1.0 ~2.5			≥6	
>2.5 ~6.0	30′	3°	≥8	
>6.0			—	

（2）凹模的设计与计算

1）凹模外形尺寸的确定。凹模的外形形状一般有矩形和圆形两种。凹模的外形尺寸应保证有足够的强度、刚度和修磨量。凹模的外形尺寸一般是根据被冲压材料的厚度和冲裁件的最大外形尺寸来确定的，如图1—22所示。

凹模厚度：　$H = Kb$（≥15 mm）　　　　（1—9）

凹模壁厚：　$c = (1.5 \sim 2) H$（≥30 ~40 mm）

（1—10）

式中　b——冲裁件的最大外形尺寸，mm；

　　　K——考虑板料厚度的影响系数，查表1—8。

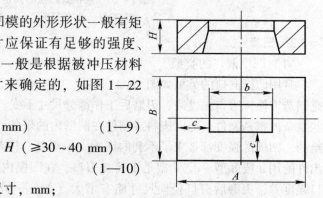

图1—22　凹模外形尺寸

根据凹模壁厚即可算出其相应凹模外形尺寸的长和宽，然后可在冲模国家标准手册中选取标准值。

表 1—8　　　　　　　　　　　　　　　　　系数 K 值

b/mm	材料厚度 t/mm				
	0.5	1	2	3	>3
≤50	0.3	0.35	0.42	0.5	0.6
>50 ~ 100	0.2	0.22	0.28	0.35	0.42
>100 ~ 200	0.15	0.18	0.2	0.24	0.3
>200	0.1	0.12	0.15	0.18	0.22

　　2）凹模强度校核。按上述方法确定的凹模外形尺寸可以保证有足够的强度和刚度，一般不需要再做凹模强度校核。但是，冲裁模工作时凹模下面的模座或垫板上的孔口比凹模孔口大，使凹模工作时受弯曲，若凹模厚度不够便会产生弯曲变形，故需校核凹模的抗弯强度。几种校核凹模强度的计算公式见表 1—9。

表 1—9　　　　　　　　　　　　　校核凹模强度的计算公式

项目	圆形凹模	矩形凹模（垫板上为方形孔）	矩形凹模（垫板上为矩形孔）
简图			
凹模厚度 H 的计算公式	$H \geqslant \sqrt{\dfrac{1.5F}{\sigma_{\text{wp}}}\left(1-\dfrac{2d}{3d_0}\right)}$	$H \geqslant \sqrt{\dfrac{1.5F}{\sigma_{\text{wp}}}}$	$H \geqslant \sqrt{\dfrac{3F}{\sigma_{\text{wp}}}\left(\dfrac{\dfrac{b}{a}}{1+\dfrac{b^2}{a^2}}\right)}$
符号说明	F——冲压力，N σ_{wp}——许用弯曲应力，MPa d、d_0——凹模刃口与支承口直径，mm a、b——垫板上矩形孔的长度与宽度，mm		

　　（3）凹模的固定方法

　　凹模一般用螺钉加销钉固定在下模座上。螺钉与销钉的数量、规格和位置尺寸均可在标准中查取，但有时需要根据模具上结构的需要做出适当的调整。

　　（4）凹模的技术条件

　　对凹模主要有下列技术要求：

　　1）凹模零件图上应标注完整的尺寸，其中包括型孔的刃口形状尺寸和公差，各型孔距离尺寸和公差，型孔孔系对凹模几何中心或凹模外形垂直基准边的位置尺寸，凹模的外形尺寸，洞口形状和尺寸，螺钉、销钉的尺寸及公差等。

2）凹模的顶面和型孔的工作孔壁应光滑，表面粗糙度值要小，这样可以提高工件精度，延长模具的使用寿命。一般取 Ra 值为 $0.8 \sim 0.4\ \mu m$，最差时 $Ra \leqslant 1.6\ \mu m$。底面和销孔 $Ra \leqslant 1.6\ \mu m$，其余 $Ra \leqslant 6.3\ \mu m$。

3）要求凹模具有锋利的刃口且刃口有高的耐磨性，并能承受冲压时的冲击力。因此凹模应有高的硬度和适当的韧性。形状简单的凹模常选用 T8A、T10A 等制造。形状复杂、淬火变形大，特别是用线切割方法加工型孔的凹模应选用合金工具钢，如 Cr12、Cr12MoV、CrWMn、Cr6WV 等制造。凹模应进行热处理，硬度应到 $50 \sim 60$HRC。

4）凹模型孔应尽量避免尖角，若有尖角应设计成小圆角过渡，以减小应力集中，避免凹模板在热处理和使用过程中因应力集中而容易开裂。

5）其他要求：如底面与顶面的平行度，型孔轴线与顶面的垂直度等，这些在标准中都有规定，图样上可不标注，但制造时必须保证。

二、定位零件

为保证条料的正确送进和毛坯在模具中的正确位置，冲裁出外形完整的合格零件，模具设计时必须考虑条料或毛坯的定位，即条料或毛坯的正确位置是依靠定位零件来保证的。由于毛坯形式和模具结构不同，所以定位零件的种类很多。设计时应根据毛坯形式、模具结构、零件公差大小、生产效率等进行选择。条料或毛坯在模具中的定位包括：一是送料方向上的定位，用来控制送料的进距，即通常所说的挡料；二是沿着送料方向上的侧定位，通常称为导料。

这里只介绍单工序简单模具中用到的定位钉、定位板及导料板。

1. 定位钉（销）

定位钉（销）和定位板都作为单个毛坯的定位元件，以保证前、后工序相对位置精度或对工件内孔与外轮廓的位置精度的要求。定位板或定位钉（销）与毛坯间的配合一般采用 H9/f9。如图 1—23 所示的定位钉主要用于大型冲压件或毛坯的外轮廓定位。如图 1—24 所示为用于孔径 $D < 30$ mm 的圆孔的定位钉，其中：图 1—24a 适用于孔径在 15 mm 以下的圆孔定位；图 1—24b 适用于孔径为 $15 \sim 30$ mm 的圆孔定位。

2. 定位板

定位板也可用于外形定位及内孔的定位。如图 1—25 所示为敞开式定位，用于大型冲压件或毛坯的外轮廓定位。图 1—26 所示为圆形定位板，用于圆形落料件定位时为整圆定位板；用于成形工序件定位时，可在定位板上开缺口。图 1—27 所示为大型非圆孔用定位板。图 1—28 所示为孔径 $D > 30$ mm 的圆孔用定位板。

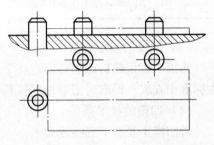

图 1—23 定位钉（销）的使用

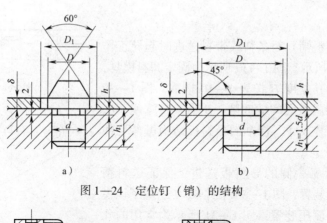

图 1—24 定位钉（销）的结构

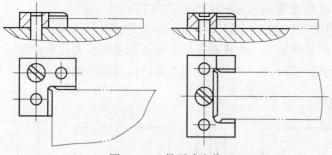

图 1—25 敞开式定位

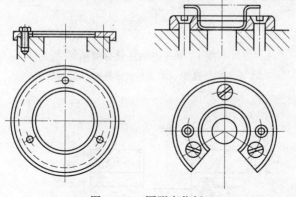

图 1—26 圆形定位板

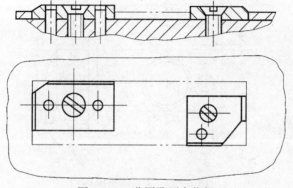

图 1—27 非圆孔用定位板

3. 导料板

导料板（导料销）对条料或带料送进时起导正作用，如图1—29所示。图1—30所示为固定卸料模具，件4为导料板，其厚度 H 按表1—10选取。图1—30中 C 为条料与导料板之间的间隙，B 为条料宽度，B_0 为两侧导料板安装尺寸。标准的导料板结构可参见冲压模具国家标准。

为使条料紧靠一侧的导料板送进，保证送料精度，可采用侧压装置，图1—30中件6、7组成了该模具送料过程中的侧压装置；图1—31所示为常用的几种侧压装置的结构。簧片式用于料厚小于1 mm、侧压力要求不大的情况。弹簧侧压块式和弹簧压板式用于侧压力较大的场合。弹簧压板式侧压力均匀，它安装在进料口，常用于侧刃定距的级进模。簧片式和压块式使用时一般设置2~3个。

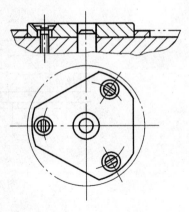

图1—28　圆孔用定位板

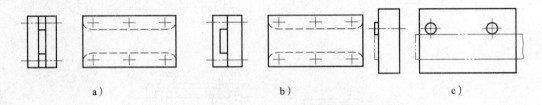

a)　　　　　　　　　b)　　　　　　　　　c)

图1—29　导料板和导料销

a) 分离式导料板　b) 整体式导料板　c) 导料销

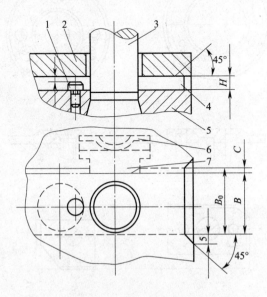

图1—30　固定卸料模具

1—挡料钉　2—固定卸料板　3—落料凸模　4—导料板　5—凹模　6—弹簧片　7—推料块

表 1—10   导料板结构尺寸   mm

条料宽度 B	不带侧压					带侧压	用挡料销挡料		侧刃自动挡料		挡料销高度 h
	50	>50 ~100	>100 ~150	>150 ~220	>220 ~300		≤200	>200	≤200	>200	
条料厚度	条料与导料板的间隙 C						导料板的厚度 H				
≤1	0.1	0.1	0.2	0.2	0.3	0.5	4	6	3	4	2
>1 ~2	0.2	0.2	0.3	0.3	0.4	2	6	8	4	6	3
>2 ~3	0.4	0.4	0.5	0.5	0.6		8	10	6		
>3 ~4	0.6	0.6	0.7	0.7	0.8	3	10	12	8	8	4
>4 ~6							12	14	10	10	

注：尺寸 B、H、C 如图 1—30 所示。

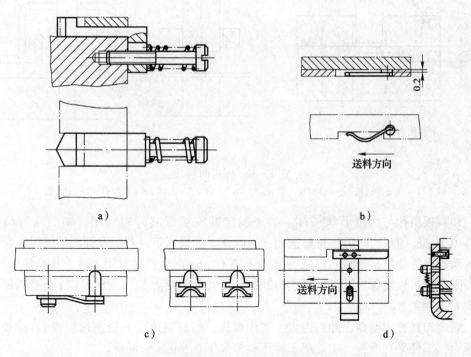

图 1—31   侧压装置的结构

a) 弹簧侧压块式   b) 簧片式   c) 簧片侧压块式   d) 弹簧压板式

    导料销是导料板的简化形式，多用于弹性卸料的模具中。采用导料销导料时，要选用两个；导料销的结构与挡料销相同，如图 1—29 所示。

三、卸料零件、顶件装置及弹性元件

1. 卸料零件与顶件装置

    将冲裁后卡在凸模上的料卸下的装置称为卸料装置。将卡在凹模内的料推出或顶出的装置称为推料或顶料装置。卸料板和推（顶）件器都有刚性和弹性两种形式，刚性结构主要起卸料或推件作用，卸料力或推件力较大；弹性结构还兼有压料和卸料推件的作用，力的大小取决于所用的弹性元件及其预紧力。

（1）卸料零件

设计卸料零件的目的是将冲裁后卡箍在凸模或凸凹模上的制件或废料卸掉，保证下次冲压正常进行。常用的卸料零件有以下两种：

1）固定卸料板。常用的固定卸料板有图 1—32 所示的几种形式。图 1—32a 所示为一般常用的形式。有时也将固定卸料板 1 与导料板 2 制成一个整体。图 1—32b 所示为宽大工件边缘冲孔所用的卸料板。图 1—32c 所示为高度大的工件所用的卸料板。

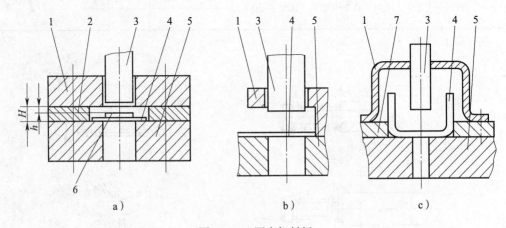

图 1—32 固定卸料板
1—固定卸料板 2—导料板 3—凸模 4—工件 5—凹模 6—挡料销 7—定位板

卸料板型孔与凸模形状一样。如果固定卸料板仅起卸料作用，则型孔与凸模成 0.2 ~ 0.6 mm 的双面间隙，材料选用普通碳钢。如果固定卸料板在卸料的同时还起给凸模运动导向的作用，则与凸模保持 H7/h6 或 G7/h6 配合；材料用 T8A，并经淬火处理，这种固定卸料板又称为导板。凹模与卸料板之间的距离 H 应比板料厚度 t 与挡料销 6 的高度 h 之和大 2 ~ 4 mm。

固定卸料板刚度高，卸料力大，工作可靠，容易制造（导板制造较难），冲裁时无压紧力，工件平直度差。主要用于冲压料厚大于 0.5 mm 的板料。

2）弹压卸料板。弹压卸料板与弹性元件（弹簧或橡胶）、卸料螺钉组成弹压卸料装置。如图 1—33 所示为常用弹压卸料板的结构。图 1—33a 所示为普通弹压卸料板，用于冲制薄料和要求平整的制件，弹性元件可以是弹簧或橡胶；图 1—33b 所示为用橡胶块直接卸料，采用硬橡胶或聚氨酯件直接卸件，适用于薄料冲裁的小批量生产；图 1—33c 所示为带限位块的弹压卸料板，一般均用于较大尺寸的模具，由于采用限位块，卸料板增强了卸料限位的刚度，适用于高速冲压；图 1—33d 所示为组合式卸料板，由于小导柱 4 对卸料板导向，卸料板可用于对细长小凸模导向。

凸模与弹压卸料板之间的双面间隙为 0.1 ~ 0.2 mm 或按 H9/h8、H8/g8 配制。卸料板的凸台高度等于或稍大于导料板高度。凸台两侧与导料板保持 $0.1 \sim 0.3$ mm 间隙。为保护凸模和保证卸料，非工作状态下凸模一般缩入卸料板平面内 0.5 mm。

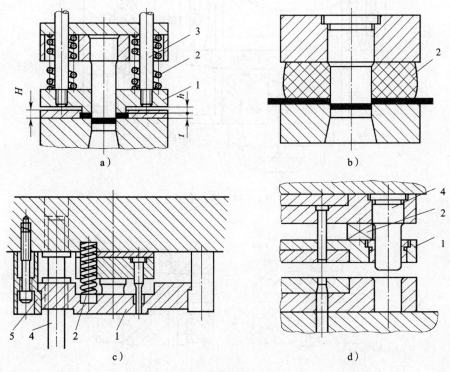

图 1—33 弹压卸料板的结构

1—卸料板 2—弹性元件 3—卸料螺钉 4—小导柱 5—限位块

冲裁时弹压卸料板对条料有压紧作用，工件的平整度较好。但卸料力不大，主要用于料厚小于 $1.5 \sim 2$ mm 的工件。弹压卸料板有敞开的工作空间，操作方便，生产效率高，冲压前对毛坯有预压作用，冲压后也可使冲件平稳脱模。但由于受弹簧、橡胶等弹性元件的限制，卸料力较小，并且模具结构复杂，可靠性与安全性都不及固定卸料板。实际生产中除卸料力大，用弹压卸料板难以卸下的采用固定卸料以外，从操作方便的角度，一般都选用弹压卸料。值得注意的是，在冲裁纯铜和铝板等软材料时，弹压卸料力应调整适中，以免压伤制件。

（2）顶件装置

推件和顶件的目的是将制件从凹模型孔中推出（凹模在上模）或顶出（凹模在下模）。推件力可通过压力机的横梁（见图 1—34）作用在一些传力元件上，使推件力传递到推板上将制件（或废料）推出凹模。推板的形状与推杆的布置应根据被推材料的尺寸和形状来确定。常见的刚性推件装置如图 1—35 所示，弹性推件装置如图 1—36 所示。

设计在下模的弹性顶件装置的结构如图 1—37 所示。工作时上模的凸模下压，使顶件块、顶杆下压弹性元件，弹性元件储存能量；冲压结束后，模具回程时，顶件器的弹性元件释放能量，顶件块将材料从凹模型孔中顶出。

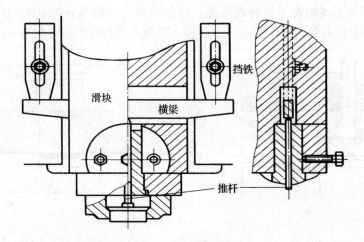

图1—34 推件横梁

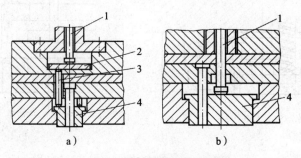

a)   b)

图1—35 刚性推件装置
1—打杆 2—推板 3—推杆 4—推件块

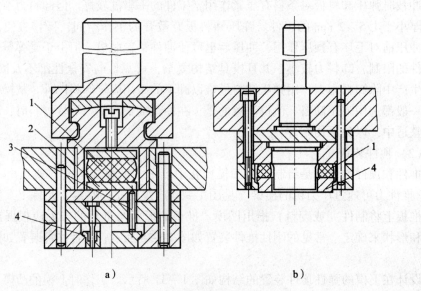

a)   b)

图1—36 弹性推件装置
1—橡胶块 2—推板 3—推杆 4—推件块

2. 弹性元件

弹簧和橡胶是冲压模具中广泛使用的弹性元件，主要为弹性卸料、压料及出件装置等提供所需的作用力与行程。

弹簧属于标准件，冲压模具中常使用圆柱形（矩形）螺旋弹簧和碟形弹簧。

（1）圆柱形螺旋弹簧

如图 1—38 所示为螺旋弹簧的特性线，是选择弹簧的依据。

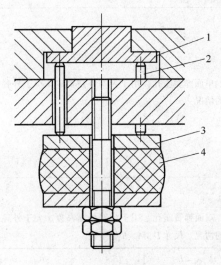

图 1—37　弹性顶件装置

1—顶件块　2—顶杆　3—支承板　4—橡胶块

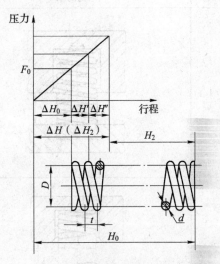

图 1—38　螺旋弹簧特性线

H_0—弹簧自由尺寸　$\Delta H'$—卸料板的工作行程

$\Delta H''$—凸模刃磨量（4～10 mm）

1）弹簧选择原则

①所选弹簧必须满足预压力 F_0 的要求：

$$F_0 \geq F_x/n \tag{1—11}$$

②所选弹簧必须满足最大许可压缩量 ΔH_2 的要求：

$$\Delta H_2 \geq \Delta H = \Delta H_0 + \Delta H' + \Delta H'' \tag{1—12}$$

③所选弹簧必须满足模具结构空间的要求。

2）弹簧选择步骤

①根据卸料力 F_x 和模具安装弹簧的空间大小，初定弹簧数量 n，计算出每个弹簧应有的预压力 F_0 并满足公式：

$$F_0 \geq F_x/n \tag{1—13}$$

②根据预压力 F_0 和模具结构预选弹簧规格，选择时应使弹簧的最大工作负荷 F_2 大于 F_0。

③计算预选的弹簧在预压力 F_0 作用下的预压缩量 ΔH_0。

$$\Delta H_0 = \frac{F_0}{F_2} \Delta H_2 \tag{1—14}$$

④校核弹簧最大允许压缩量是否大于实际工作总压缩量，即：

$$\Delta H_2 > \Delta H_0 + \Delta H' + \Delta H'' \qquad\qquad (1-15)$$

若不满足要求，则重选。

3）弹簧的安装结构。表1—11列出了圆柱形螺旋压缩弹簧的安装结构，可供设计时参考。

表1—11　　　　　　　　　圆柱形螺旋压缩弹簧的安装结构

序号	结构简图	说明
1	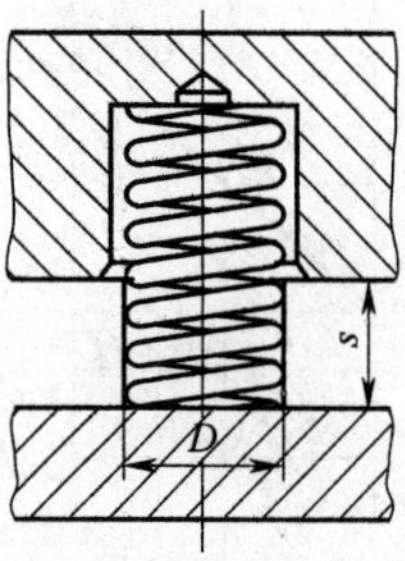	单面弹簧座孔，用于弹簧外露高度 s 小于外径 D 的情况
2	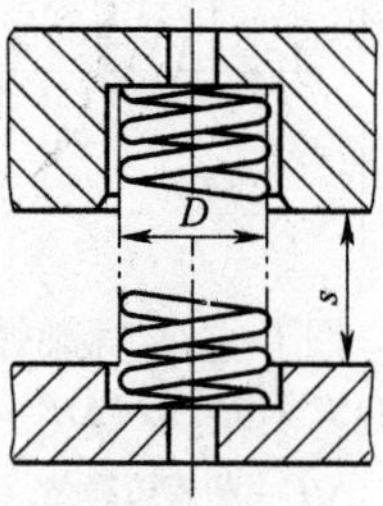 　a） 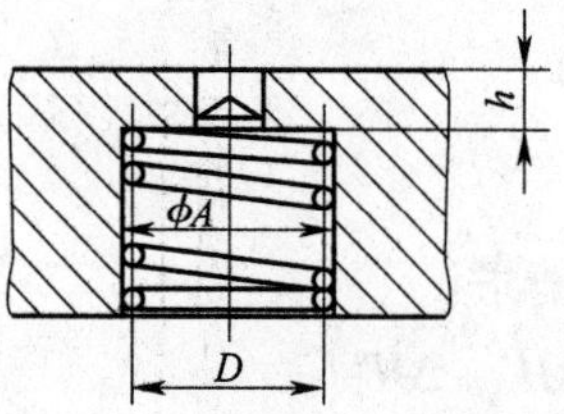 　b）	双面弹簧座孔，用于弹簧外露高度 s 大于外径 D 的情况。尺寸 D、A、h 见下表 表格见下
3		弹簧芯柱用于板薄不宜开弹簧座孔的情况 芯柱外径 $B = D_i - (1 \sim 2)$ D_i—弹簧外径，mm

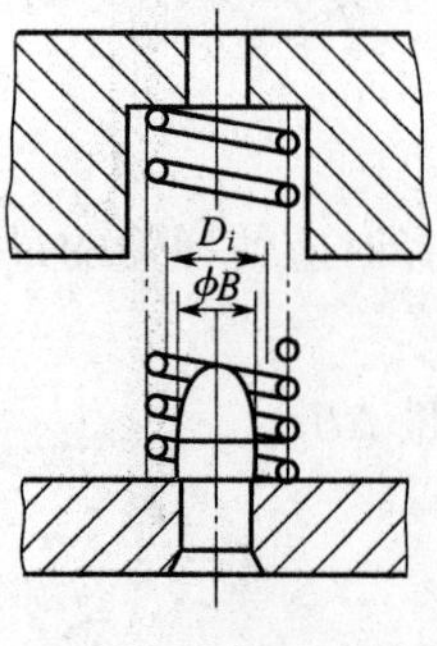

D	A	h_{min}
6~10	$D+1$	3
11~15	$D+1.5$	5
16~20	$D+2$	5
21~25	$D+2.5$	7
26~30	$D+3$	7
31~35	$D+3.5$	8
36~50	$D+4$	10
51~65	$D+4$	12

续表

序号	结构简图	说明
4	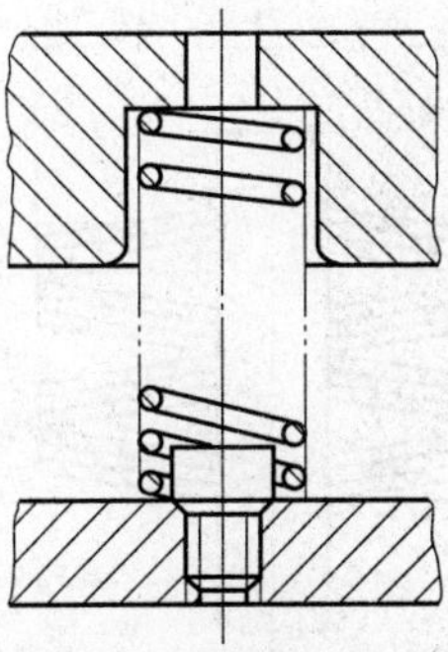	以内六角螺钉代替弹簧芯柱
5	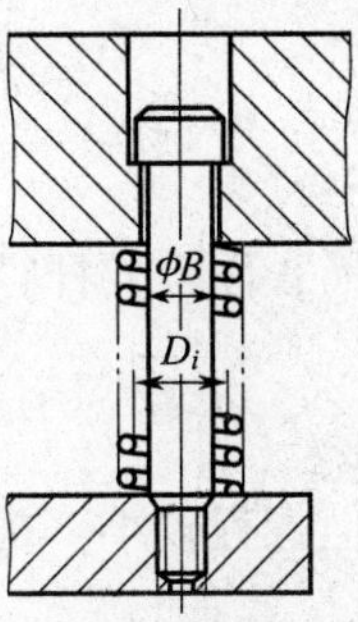 ϕB　D_i	套在卸料螺钉外面的弹簧 $B = D_i - （2 \sim 3）$
6	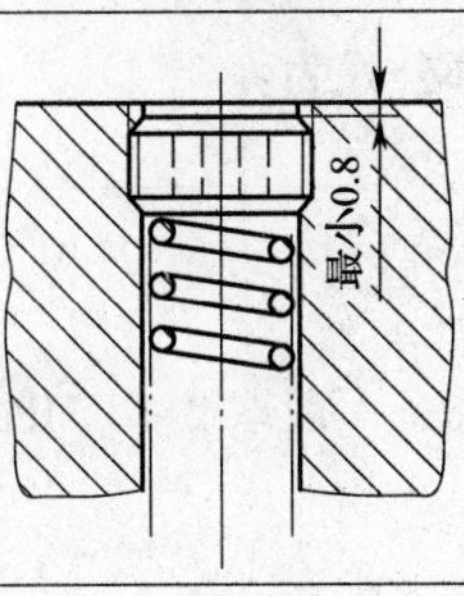 最小0.8	弹簧孔用螺塞封堵，螺塞不得露出板外，采用两个螺塞时可调节弹簧长度
7	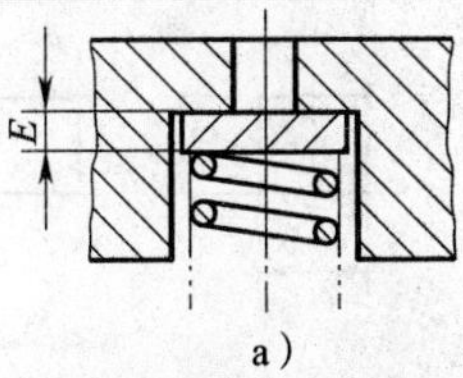 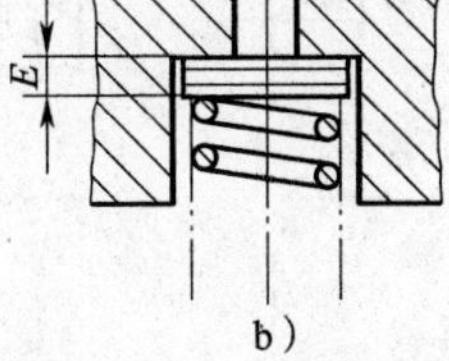 E a） E b）	补偿凸模刃磨量 E 的措施。图 a 所示的垫片随凸模同时磨去；图 b 所示的各垫片厚度不同，凸模刃磨后减小垫片厚度

（2）碟形弹簧

当冲压时所需工作行程较小而作用力很大时，可以考虑采用碟形弹簧。碟形弹簧组装方式有对合式和复合式，如图 1—39 所示。在使用同一规格碟形弹簧的情况下，复合式组装允许承受的载荷能成倍增加，其增加的倍数为每一叠弹簧的个数，如图1—39b所示的复合组装方式为图1—39a所示的对合组装方式允许承受载荷的3倍。

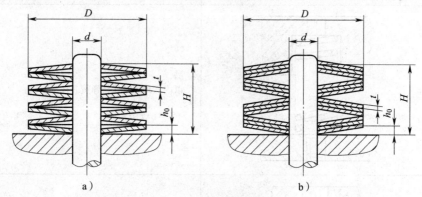

图1—39　碟形弹簧组装方式

a）对合式　b）复合式

碟形弹簧在使用中较易碎裂，有碎裂片应及时更换；而且导杆容易磨损，所以对导杆要求渗碳并淬火处理。

（3）橡胶

橡胶允许承受的载荷较大，且安装及调整方便，但行程较小。是冲压模具中广泛使用的弹性元件之一。橡胶的选用与计算如下：

1）橡胶的工作压力。橡胶板的工作压力的计算公式为：

$$F = Aq \tag{1—16}$$

式中　F——橡胶板工作压力，N；

A——橡胶板横截面积，mm^2；

q——橡胶板的单位压力（见图1—40），MPa，一般取2～3 MPa。

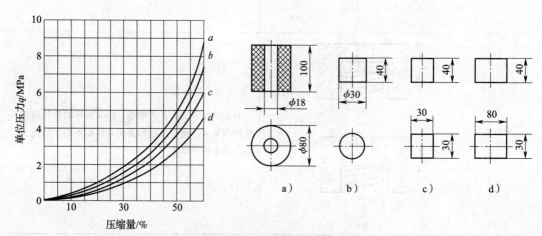

图1—40　橡胶板的单位压力与压缩量

2）橡胶板的压缩量和厚度。橡胶板的最大压缩量一般应不超过厚度H的45%，其预压缩量为10%～15%，所以取：

$$H = \frac{h}{0.25 \sim 0.3} \tag{1—17}$$

式中　H——橡胶板厚度，mm；

　　　　h——许可压缩量，mm。

橡胶板的相对高度 H/D 应满足：

$$0.5 \leqslant H/D \leqslant 1.5 \tag{1—18}$$

式中　D——圆柱形或圆筒形橡胶板的外径，mm。

若不能满足上式条件，应分成若干块，使每块橡胶板的相对高度仍应满足上式的要求。

3. 卸料螺钉

普通冲压模具中，常见卸料螺钉的结构与安装形式见表 1—12。常用的卸料螺钉有两类：一类是带圆柱头或内六角头的标准型卸料螺钉；另一类是通用的圆柱头螺钉或内六角头螺钉与其他零件组合，起到卸料螺钉的作用，见表 1—12 中的 3～6。

表 1—12　　　　　　　　　常见卸料螺钉的结构与安装形式

序号	结构简图	说明
1	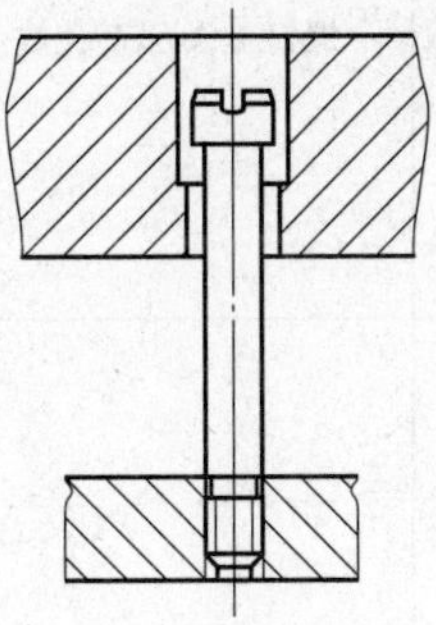	标准卸料螺钉结构，凸模刃磨后需在卸料螺钉头下加垫圈调节
2	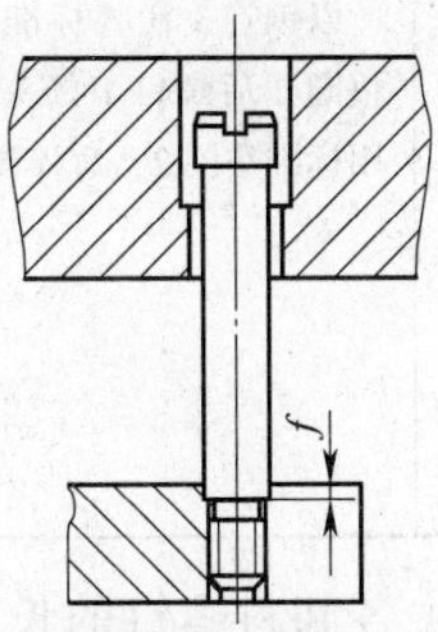	卸料螺钉圆柱部分进入卸料板的深度 $f = 3 \sim 5$ mm，以防止螺纹根部受侧压力 凸模刃磨后也需在卸料螺钉头下加垫圈调节
3	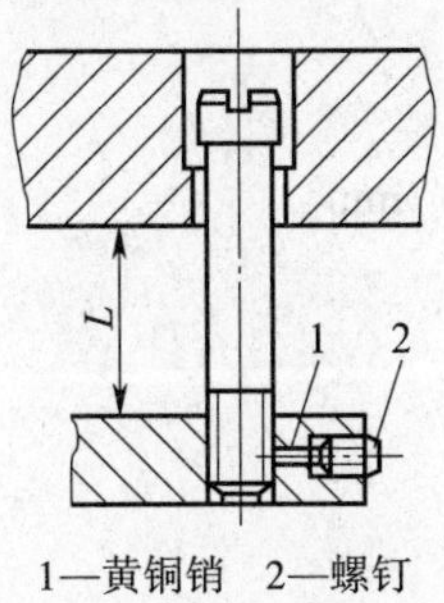 1—黄铜销　2—螺钉	距离 L 可调节。为防止螺纹松动，用螺钉 2 顶紧黄铜销，能承受较大的侧压力

序号	结构简图	说明
4	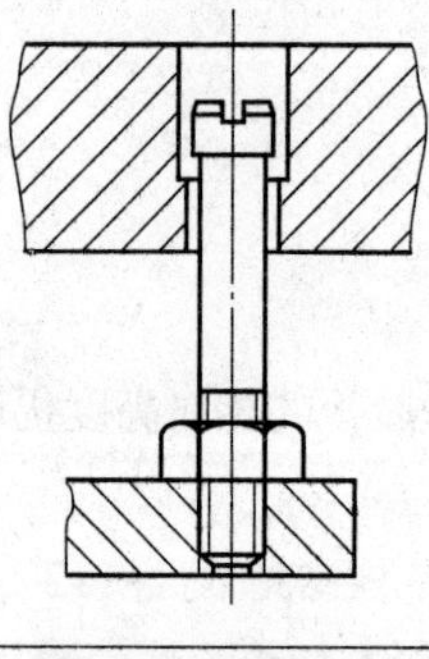	以螺母防止螺纹松动。结构简便，但占据较多空间
5	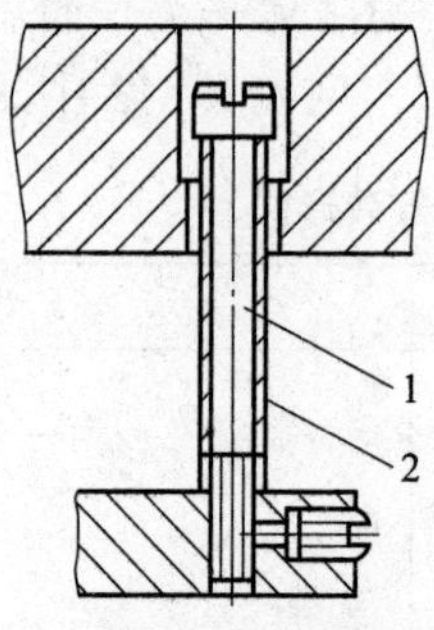 1—螺钉　2—钢管	以钢管2代替标准卸料螺钉的台肩，容易保持卸料板的平行度 螺钉1头部直径放大
6	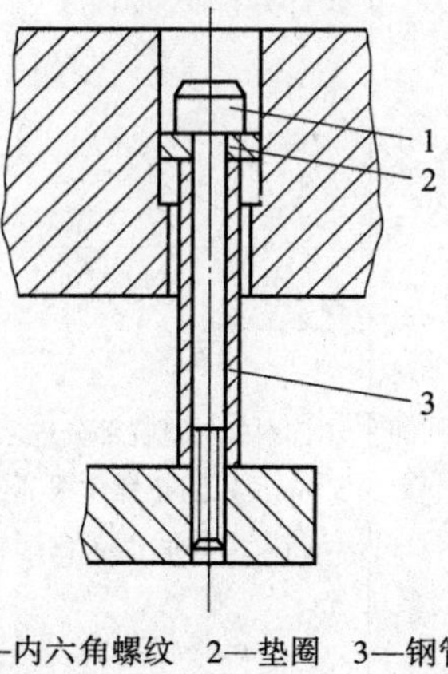 1—内六角螺纹　2—垫圈　3—钢管	以钢管3代替标准卸料螺钉的台肩。增加垫圈2后螺钉1的头部不必放大，可仍用通用标准垫圈2，宜淬硬

为保证装配后卸料板的平行度，同一副模具中各卸料螺钉的长度 L 及孔深 H 都需保持一致，相差不超过 0.05 mm。

图 1—41 所示卸料螺钉各尺寸的关系如下：

$H = $ 卸料板行程 + 模具刃磨量 + h_1 + （5~10） mm

$d_1 = d + $ （0.3~0.5） mm

$e = 0.5~1.0$ mm

$h \geqslant \dfrac{3}{4}d$ （mm）　钢模座

$h \geqslant d$ （mm）　铸铁模座

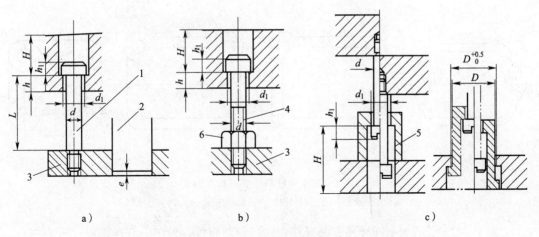

图 1—41　卸料螺钉尺寸

a）典型结构　b）以内六角螺钉代替卸料螺钉　c）以接长套解决大行程卸料问题

1—卸料螺钉　2—凸模　3—卸料板　4—内六角螺钉　5—接长套　6—螺母

四、其他零件

1. 导向零件

对生产批量大、模具使用寿命和制件精度要求较高的冲模，一般应采用导向装置保证上、下模的精确导向。上、下模导向零件在凸、凹模开始闭合前或压料板接触制件前就应充分接合。小型模具通常选择导柱、导套来导向。原则上导柱应安装在下模。中、大型模具导向方式的选择见表 1—13。

表 1—13　　　　　　　　　中、大型模具导向方式的选择

模具 \ 使用情况		小批量	中、大批量
拉深模	中型	侧导板、导板或导块	
	大型	无柱的背靠块	
成形模 弯曲模 翻边模 整形模	中型	侧导板、导块、导柱、导套	
	大型	无柱的背靠块	带柱的背靠块
落料模 修边模 冲孔模 剪切模	中、小型	导柱、导套、导板	
	大型	带柱的背靠块	

由于导柱和导套已经标准化，并与上模座、下模座组成标准模架，设计时可参考冲模标准选用。导柱和导套的布置形式如图 1—42 所示。

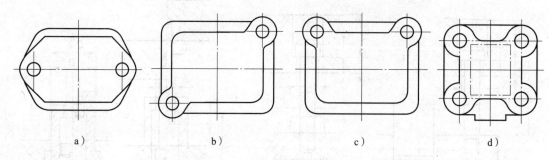

图1—42　导柱和导套的布置形式

a) 中间导柱　b) 对角导柱　c) 后侧导柱　d) 四角导柱

图1—42a 所示为中间导柱，两导柱在中部两侧布置，导向中心连线通过压力中心，受力均匀，导向情况较好，主要用于纵向送料；图1—42b 所示为对角导柱，受力均匀，纵向和横向都可以送料，操作方便；图1—42c 所示为后侧导柱，导向情况较差，但能从三个方向送料，操作方便，对导向要求不太严格且偏移力不大的情况下广泛采用；图1—42d 所示为四角导柱，导向情况最好，但结构复杂，只有在导向精度要求高、偏移力大和大型冲模中才使用。

导柱与导套的导向形式有滑动和滚动两种。如图1—43 所示为滑动导向方式模架，该模架结构简单，使用方便，精度较高，压力机的选择不受限制。对于一般的冲压加工，采用滑动导柱、导套就能够保证导向精度；但对于冲裁薄料（$t < 0.1$ mm）或精密冲裁模、硬质合金模和高速冲模等要求无间隙导向时，需要采用滚珠导柱和导套，如图1—44 所示。该模架在滑动导柱和导套之间增加一圈由保持架定位的滚珠，并使导向部分存在 $0.005 \sim 0.01$ mm 的过盈量，该模架精度高，耐磨性好，使用寿命长。使用时导柱和导套不能脱开，只能选用行程可调的曲拐轴压力机。

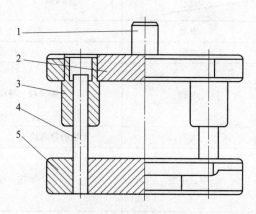

图1—43　滑动导向方式模架

1—模柄　2—上模座　3—导套　4—导柱　5—下模座

导柱和导套的安装尺寸如图1—45 所示。在按标准选用导柱长度 L 时，应保证模具在闭合状态下，导柱上端面与上模座上平面的距离不小于 $10 \sim 15$ mm，导柱下端面与下模座下平面的距离不小于 2 ~ 3 mm；导套与上模座上平面的距离应大于 3 mm，用以排气与储油。选用导套的长度 L_1 时，要保证在冲压时导柱一定要进入导套 10 mm 以上。

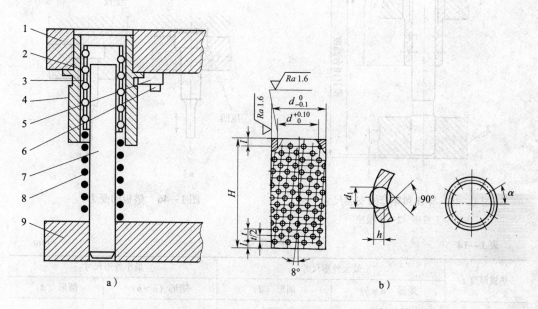

图1—44　滚珠导柱和导套

a）滚珠导柱、导套装配图　b）保持圈、钢球的细节图

1—上模板　2—钢球　3—钢球保持架　4—导套　5—压板　6—螺钉　7—导柱　8—弹簧　9—下模座

2. 支承零件

（1）固定板

固定板主要用于小型凸模、凹模或凸凹模等工作零件的固定，以节约价格较高的模具钢。固定板的外形与凹模轮廓尺寸基本一致。型孔尺寸应与凸模成 0.01 mm 的双边过盈量制造。型孔是倒角铆接固定还是台肩固定应与凸模配套，与落料凸模、长圆凸模、侧刃的固定多为倒角铆接固定；与圆凸模的固定多为台肩固定。为使凸模（凹模）固定牢靠并有较高的垂直度，固定板必须有足够的厚度。凸模固定板厚度可取（1 ~ 1.5）D（D 为凸模直径），凹模固定板厚度可取（0.6 ~ 0.8）$H_凹$，材料可选用 Q235 或 45 钢，不淬火。固定板的螺孔、卸料螺钉过孔及销钉的孔径和孔距按国家标准确定。

（2）垫板

垫板的作用是承受凸模或凹模的轴向压力，防止过大的压力在上、下模板上压出凹坑（见图1—46）而影响模具正常工作。垫板用于承受凸模冲击力，垫板相对于固定板稍有位移是不会影响正常工作的，所以垫板上只有螺钉、销钉过孔（穿过垫板不配合故称为过孔），孔径一般比穿过的螺钉、销钉的直径大 1 mm 左右，孔距与固定板上的相同。垫板材料多为 45 钢，要求热处理硬度为 43 ~ 48HRC，厚度与外形尺寸的关系见表1—14。

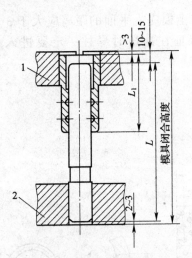

图1—45 导柱和导套的安装尺寸
1—上模座 2—下模座

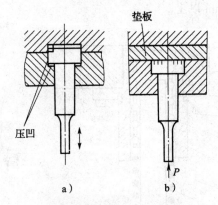

图1—46 垫板的受力

表1—14   垫板尺寸   mm

垫板厚度 t	最大外形尺寸		最小外形尺寸	
	矩形 $(a \times b)$	圆形 (d)	矩形 $(a \times b)$	圆形 (d)
4	100×100	100	—	—
6	160×140	140	63×50	63
8	250×200	200	125×100	125
10	315×315	315	160×160	160
12	—	—	250×250	250

（3）承料板

承料板用螺钉由下向上固定在导料板伸出凹模部分的下面，如图1—47所示，其作用是加长凹模面支承条料，减少操作者体力消耗，方便送料。

3. 连接零件

（1）模柄

模柄是连接上模与压力机的零件，常用于1 000 kN以下压力机的模具安装。模柄的结构形式比较多，常用的有表1—15所列的几种。重载的模具不使用模柄与压力机连接，而是直接用螺钉与压板将上模压在滑块端面。

模柄柄部直径和长度应根据压力机模柄孔孔径和深度并按国家标准确定。在选择模柄时，为了防止冲裁时的振动引起模柄与上模座结合处产生松动，压入式和旋入式模柄应加防转销或防转螺钉。

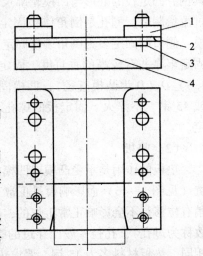

图1—47 导料板与承料板的关系
1—导料板 2—承料板 3—螺钉 4—凹模

表 1—15　　　　　　　　　　　　　　模柄结构形式

类型	结构简图	特点及应用
整体式		模柄与上模座做成整体，适用于小型模具
压入式		与模座安装孔用 H7/n6 配合，可保证较高的同轴度和垂直度，适用于各种中、小型模具
螺纹旋入式		模柄制造及安装方便，为防止松动，拧入防转螺钉，主要用于中、小型模具
凸缘式		用螺钉、销钉与上模座紧固在一起，适用于较大的模具
浮动式		这种结构可以通过球面垫块消除压力机导轨误差对冲模导向精度的影响，适用于由滚珠导柱和导套导向的精密模具

（2）螺钉与销钉

螺钉主要用于连接模具中的各类板件及工作零件，销钉用于模具中各类板件及工作零件的定位。螺钉与销钉的数量可参考模架及模具典型组合在标准中选用。在设计时需要注意以下几点：

1）在同一组合中，螺钉的数量一般不少于 3 个，尽量沿连接件外边缘均匀布置，销钉的数量一般为 2 个，尽量远距离错开布置。

2）螺钉与销钉的规格根据冲压工艺力大小和模具厚度等条件确定。

3）螺钉与螺钉之间、螺钉与销钉之间的距离，螺钉、销钉距凹模刃口及外边缘的距离不宜过小。

4）各被连接件的销孔应配合加工，以保证位置精度。

单元测试题

一、填空题

1. 冲压加工是利用安装在 _____ 上的 _____ 对材料 _____，使其产生 _____，从而获得冲件的一种压力加工方法。

2. 制造冲模工艺零件的常用材料有 _____、_____、_____（写出三种）。

3. 在压力机的一次冲压行程中 _____ 冲压工序的冲模称为单工序模。

4. 在条料的送进方向上具有 _____，并在压力机的一次行程中，在不同的工位上完成 _____ 的冲压工序的冲模称为级进模。

5. 在压力机的一次工作行程中，在模具 _____ 位置同时完成 _____ 不同冲压工序的模具，称为复合模。

6. 无导向单工序冲裁模的特点是结构 _____，制造 _____，但使用时安装及调整凸、凹模间隙较 _____，冲裁件质量 _____，模具使用寿命 _____，操作 _____。因此只适用于精度 _____、_____、_____ 的冲裁件的冲压。

7. 由于级进模生产效率高，便于操作，易实现生产自动化，但轮廓尺寸大，制造复杂，成本高，所以一般适用于 _____、_____ 工件的冲压生产。

8. 复合模的特点是生产效率高，冲裁件内孔与外形的 _____，板料的定位精度高，冲模的外形尺寸 _____，但复合模结构复杂，制造精度高，成本高。所以复合模一般用于生产 _____、_____ 的冲裁件。

9. 冲裁力较大的冲裁模，在凸模、凹模与上、下模座之间应该设置一个称为 _____ 的零件。

10. 冲压模具采用 _____ 卸料装置的主要优点是卸料力大，工作可靠。

11. 冲压模具按工序组合方式可分为 _____ 模、_____ 模和 _____ 模。

12. 弹性卸料装置除了起卸料作用外，还兼起 _____ 和 _____ 作用。它一般用于材料厚度相对较 _____ 的材料的卸料。

13. 普通模架在国家标准中，按照导柱、导套的数量和位置的不同分为 _____ 模架、_____模架、_____模架、_____模架。

14. 普通模架按照导向零件可以分为_____模架、_____模架。

15. 连接弹性卸料板的螺钉应该是_____螺钉。

16. 条料在模具送料平面中必须有两个方向的限位，一是在与_____方向上的限位，保证条料沿正确的方向送进，称为送进导向；二是在送料方向上的限位，控制_____，称为送料定距。

17. 冲压加工是通过压力加工，获得一定_____、_____和性能的产品零件的生产技术。

二、选择题

1. 为使冲裁过程顺利进行，将卡在凹模内的冲件或废料顺冲裁方向从凹模孔中推出，所需要的力称为_____。

A. 推料力　　　　B. 卸料力　　　　C. 顶件力

2. 如果模具的压力中心不通过滑块的中心线，则冲压时滑块会承受偏心载荷，导致导轨和模具导向部分零件_____。

A. 正常磨损　　　　B. 非正常磨损　　　　C. 初期磨损

3. 冲裁件外形和内形有较高的位置精度要求时宜采用_____。

A. 导板模　　　　B. 级进模　　　　C. 复合模

4. 由于级进模的生产效率高，便于操作，但轮廓尺寸大，制造复杂，成本高，所以一般适用_____冲压件的生产。

A. 大批量、小型　　　　　　　　B. 小批量、中型
C. 小批量、大型　　　　　　　　D. 大批量、大型

5. 中、小型模具的上模是通过_____固定在压力机滑块上的。

A. 导板　　　　B. 模柄　　　　C. 上模座

6. 模具沿封闭的轮廓线冲切板料，冲下的部分是零件的冲裁工艺称为_____。

A. 落料　　　　B. 冲孔　　　　C. 切断　　　　D. 剖切

7. 在压力机的一次工作行程中，在模具同一工位完成两道及两道以上冲压工序的模具称为_____。

A. 复合模　　　　B. 单工序模　　　　C. 级进模　　　　D. 落料模

三、多项选择题

1. 采用弹压卸料板的普通冲裁模中，弹压卸料板具有_____作用。

A. 压料　　　　B. 导料　　　　C. 顶料　　　　D. 卸料

2. 由于级进模的生产效率高，便于操作，但轮廓尺寸大，制造复杂，成本高，所以一般适用于_____冲压件的生产。

A. 大批量　　　　B. 小批量　　　　C. 大型　　　　D. 中、小型

3. 限制条料送进距离的定位元件有_____。

A. 始用挡料销　　B. 导料板　　　　C. 导料钉　　　　D. 固定挡料销

4. 制造凸模通常选用的材料有_____。

A. T10A　　　　B. 45　　　　C. Cr12MoV　　　　D. YG15

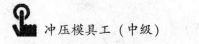

四、简答题

1. 简述冲压加工的生产要素和冲压加工的特点。

2. 冲压模具的工艺零件是指哪一类零件？说出其中的 3 个零件，并说明它们的用途。

单元测试题答案

一、填空题

1. 压力机　模具　施加变形力　变形、分离或接合

2. T10A　CrWMn　Gr12

3. 只完成一种

4. 两个或两个以上的工位　两个或两个以上工位

5. 同一工作　两道及以上

6. 简单　成本低　不方便　差　短　不安全　不高　形状简单　批量小

7. 批量大　小尺寸

8. 相对位置精度高　较小　批量大　精度要求高

9. 垫板

10. 刚性

11. 单工序　复合　级进

12. 压料　卸料推件　薄

13. 对角导柱　后侧导柱　中间导柱　四角导柱

14. 滑动式　滚动式

15. 卸料

16. 送料方向垂直　条料一次送进长度

17. 形状　尺寸

二、选择题

1. A 2. B 3. C 4. A 5. B 6. A 7. A

三、多项选择题

1. AD 2. AD 3. AD 4. ACD

四、简答题

1. 冲压加工的主要生产要素有压力机、模具、板料三个。

冲压加工的特点如下：

（1）冲压件的尺寸精度由模具来保证，具有一致性好的特征，质量稳定，互换性好。

（2）冲压加工能制造壁薄、质量轻、刚度高、表面质量高、形状复杂的零件。

（3）冲压加工一般不需要加热毛坯，不切削金属，所以它节能，节约金属。

（4）冲压加工是一种高效率的加工方法。

（5）冲压零件的质量主要靠冲模来保证，对工人的技术等级要求不高，工人操作

简单，便于组织生产。

2. 冲压模具的工艺零件是指在完成冲压工序时与材料或制件直接发生接触的零件，如凸模、凹模（作为对零件起成形作用的工作零件）、卸料板（冲压完成后将卡在凸模上的料卸下的工作零件）。

第**2**章

冲压模具零件加工工艺规程
及加工方法

第一节 冲压模具零件加工工艺规程编制

→ 熟悉编制冲压模具零件加工工艺规程的原则和步骤
→ 能编制冲压模具典型工作零件的工艺规程

冲压模具制造过程是在一定的工艺条件下，改变原始材料的形状、尺寸和性质，使之成为符合设计要求的模具零件，再经装配、试模、调试和修整而得到整副合格模具产品的过程。其中将原材料或半成品转变成为模具零件的生产制造过程必须遵循模具零件加工工艺规程。

模具零件加工工艺规程是在分析模具零件设计图样的基础上，根据现有制造技术和加工方法而编制的工艺文件。内容包括备料、加工工艺过程、加工方法、加工设备、加工余量、技术要求及采用的工具、夹具、量具等。

模具零件加工中，适合的工艺方法非常多，可以概括为以下几种：

（1）传统的切削加工，如车削、钳加工、刨削、铣削、磨削等。

（2）非切削加工，如电火花加工、冷挤压、铸造等。

（3）数控切削加工，如数控铣削、加工中心加工、坐标磨削等。

（4）焊接、热处理和其他表面处理等。

根据模具零件的分类，加工对象可以分为以下两种：

第一，成形零件加工

成形零件一般结构比较复杂，精度要求也高，这些零件按设计的模具零件加工工艺规程自行加工。其加工过程主要由机械加工、数控加工、特种加工、热处理和表面处理等环节构成。特种加工、数控加工在这里应用非常普遍。

第二，非成形零件加工

非成形零件大多是模具的结构件，多数已有国家或行业标准，部分实现了标准化批量生产。这类零件根据设计的实际要求和企业的生产实际，应优先选择外购标准件，没有标准件的按标准加工。

一、编制工艺规程的原则和步骤

1. 冲压模具零件机械加工工艺规程

冲压模具零件的机械加工工艺过程是机械制造中比较复杂的。根据被加工零件的结构特点和技术要求，常需要采用各种不同的加工方法和设备，并通过一系列的加工步骤，才能将毛坯加工成所需的零件。模具零件的机械加工工艺过程由一个或若干个工序组成，而工序又分为安装、工位、工步和走刀。如图 2—1 所示为有肩凸模的结构，表 2—1 所列为该凸模加工工艺过程。

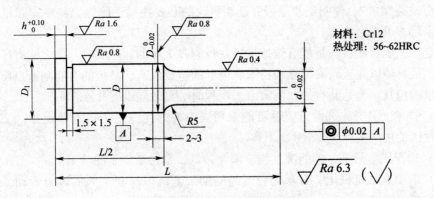

图 2—1 有肩凸模的结构

表 2—1 **有肩凸模加工工艺过程**

序号	工序	工序要求	工序说明
1	下料	锯 ϕ（D_1 + 3）×（L + 10）棒料	毛坯的长度要考虑中心孔深度和夹持部分料头长度
2	车	车右端面 钻右端面中心孔 车外圆 ϕD_1（车削长度为 L + 中心孔深度） 车越程槽 1.5 mm × 1.5 mm 车外圆 ϕD，留磨削余量 0.3 mm 车外圆 ϕd，留磨削余量 0.3 mm 车圆角 $R5$ mm 切断（切断长度为 L + 中心孔深度 + 端面余量） 掉头车左端面（长度至 L + 中心孔深度） 钻左端面中心孔	加工圆形凸模时，若凸模直径较小，可直接用棒料；如果凸模尺寸较大，则需安排锻造工序。圆形凸模加工工艺路线较简单，热处理前的粗加工、半精加工为车削；热处理后的精加工为磨削，光整加工为研磨 当圆形凸模细而长、刚度较低时，车削时一端夹紧，另一端用顶尖支承
3	热处理	淬火、回火至硬度为 56 ~ 62 HRC	
4	钳	研磨中心孔	
5	磨	磨外圆 $\phi D_{-0.02}^{\ 0}$ 达图样要求， 磨外圆 $\phi d_{-0.02}^{\ 0}$，留研磨余量 0.01 ~ 0.015 mm， 磨去右端中心孔	为了保证圆形凸模工作部分外圆与安装部分外圆同轴，磨 $\phi D_{-0.02}^{\ 0}$ 和 $\phi d_{-0.02}^{\ 0}$ 时使用统一定位基准——中心孔
6	钳	研磨外圆 $\phi d_{-0.02}^{\ 0}$ 及端面达要求	光整加工

2. 编制模具零件加工工艺规程的原则

模具零件机械加工工艺规程就是以规范的格式和必要的图文，将零件制造的工艺过程以及各工序的加工顺序、内容、方法和技术要求，所配置的设备和辅助工艺装备，以及加工余量和加工工时等内容，按加工顺序完整、详细地编制所形成的模具制造过程的指导性技术文件。模具零件加工工艺规程一经编制、审核和批准，确认无误并签字之后，即具有企业法规的性质，任何人未经审批均不得进行任何改动。若要变更修改，需填报"更改通知单"，说明更改原因并证明更改的必要性和正确性，经审核和批准者确认并签字后方可变更修改。

制定工艺规程的目的是能有效地指导并控制各工序的加工质量，使之能有序地按要求实施，最终能以先进而又可靠的技术和最低的生产成本、最短的时间制造出质量符合用户要求的模具。为达此目的，制定工艺规程时必须做到以下几点：

（1）技术上具有先进性，应尽可能采用国内外的先进工艺技术和设备，又兼顾本企业本地区的生产实际。

（2）选择成本最低，即能源、物资消耗最低，最易于加工的方案。

（3）既要选择机械化、自动化程度高的加工方法以减轻工人的体力劳动，又要适应环保的绿色要求，为工人创造一个安全、良好的工作环境。

3. 编制冲压模具零件加工工艺规程的步骤

（1）首先应对模具的设计意图和整体结构、各零部件的相互关系和功能以及配合要求等有详尽、透彻的了解，即把每个零部件的加工工艺性和装配性都吃透，方能制定出切合实际、正确无误、行之有效的工艺规程。

（2）根据每个零件的数量确定其采用单件生产还是多件生产方式。

（3）根据所采用的毛坯类型确定毛坯的下料尺寸。

（4）根据图样技术要求，选定主要加工面的加工方法和定位基准及零件的加工顺序。

（5）确定各工序的加工余量，保证各工序尺寸和公差以及技术要求。

（6）配置相应的机床、刀具、夹具、工具、量具。

（7）确定各工序的切削参数和工时定额。

（8）填写并完成工艺过程综合卡的制定工作，经审批后下达实施。

二、冲压模具零件工艺规程的主要内容和常用格式

1. 工艺规程的主要内容

（1）工艺规程应具有模具或零件的名称、图号、材料、加工数量和技术要求等；有编制、审核、批准者的签字栏和签字日期。

（2）工艺规程必须明确毛坯尺寸和供货状态（锻坯、型坯）。

（3）工艺规程必须明确工艺定位基准，该基准力求与设计基准一致。

（4）工艺规程必须确定成形件的加工方法和顺序；确定各工序的加工余量、工序尺寸和公差要求以及工艺装备、设备的配置。

（5）工艺规程必须确定各工序的工时定额。

（6）工艺规程必须确定装配基准（应力求与设计基准、工艺基准一致），装配顺序、方法和要求。

2. 工艺规程的常用格式

工艺规程包括机械加工工艺规程、装配工艺规程和检验规程三部分，但通常以加工

工艺规程为主，而将装配和检验规程的主要内容加入其中。而生产中常以工艺规程卡来指导、规范生产。

欲加工如图 2—2 所示的簧片凹模板，其工艺规程卡见表 2—2。

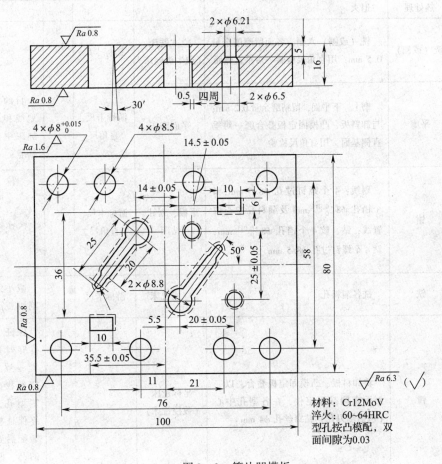

材料：Cr12MoV
淬火：60~64HRC
型孔按凸模配，双面间隙为0.03

图 2—2　簧片凹模板

表 2—2　　　　　　　　　　　　　　　　　工艺规程卡

编制	签字		日期	模具名称	焊片级进模	代用材料
				模具编号	HP—2011.1	
校核				加工件名称	凹模板	毛坯尺寸
				加工件图号	16	
批准				材料名称	Cr12MoV	件数
				毛坯形式	锻件	2（件）
序号	工序名称		工序内容和技术要求	使用设备	检具	工时	备注
1	备料		Cr12MoV 棒料				
2	下料		$\phi60$ mm×68 mm	锯床	钢直尺		按等体积加上加热烧损

序号	工序名称	工序内容和技术要求	使用设备	检具	工时	备注
3	锻造	105 mm×85 mm×20 mm				
4	热处理	退火				
5	铣（或刨）	铣（或刨）六面，各面留磨削余量0.5 mm；用直角尺检验一对垂直侧面	立式铣床（或牛头刨床）	游标卡尺		
6	平磨	磨上、下平面，留精磨余量0.2 mm；与卸料板、凸模固定板叠合磨一对垂直侧基面，用直角尺检验	平面磨床	游标卡尺、直角尺		目的是在划线和后续加工中作为基准
7	钳	划线：4个螺钉过孔 $\phi8.5$ mm，4个销孔 $\phi8^{+0.015}_{0}$ mm 及漏料孔中心位置线；钻、铰4个销孔 $\phi8^{+0.015}_{0}$ mm；钻4个螺钉过孔 $\phi8.5$ mm	平板、划针、钻床	游标卡尺、直角尺		
8	铣	铣各漏料孔	立式铣床	游标卡尺		减小线切割加工余量
9	镗	将卸料板、凸模固定板叠合，以一对垂直侧基面定位，在各型孔中心（包括侧刃孔）钻穿丝孔 $\phi4$ mm	坐标镗床（数控铣床）			保证三零件穿丝孔位置一致，以穿丝找正切割型孔，最终保证模具装配后合理的凸、凹模配合间隙
10	热处理	淬火、回火后硬度为60~64 HRC	箱式电炉	硬度机		
11	平面磨	磨上、下平面达图样要求，磨一对侧基面	平面磨床	游标卡尺、直角尺		消除热处理变形并为线切割准备定位基准
12	退磁		退磁机			
13	线切割	按程序切割各型孔，留研磨余量0.015 mm	线切割机			
14	钳	研磨销孔、型孔达图样要求				
15	检	按图检验				

第二节　冲压模具成形零件常用的加工方法和加工精度

培训目标

→ 熟悉常用冲压模具零件的加工方法，并能了解各种加工方法所能达到的精度

→ 能操作普通车床、铣床

→ 熟悉冲压模具零件成形磨削的要求

→ 能编制线切割程序，操作线切割机床

一、常用的加工方案及所能达到的精度

模具零件表面的加工方法首先取决于加工表面的技术要求。但应注意，这些技术要求不一定就是零件图样所规定的要求，有时还可能由于工艺上的原因而在某些方面高于零件图样上的要求。

当明确了各加工表面的技术要求后，即可据此选择能保证该要求的最终加工方法，并确定需几道工序及各工序的加工方法。所选择的加工方法应满足零件的质量、加工经济性和生产效率的要求。

1. 选择加工方法时应考虑下列因素

（1）首先要保证零件加工表面的加工精度和表面粗糙度的要求。由于获得同一精度及表面粗糙度的加工方法往往有若干种，实际选择时还要结合零件的结构、形状、尺寸大小以及材料和热处理的要求全面考虑。例如，对于 IT7 级精度的孔，采用镗削、铰削和磨削加工均可达到要求，如孔径大时选择镗孔，孔径小时选择铰孔。

（2）工件材料的性质，对加工方法的选择也有影响。如淬火钢应采用磨削加工；对于有色金属零件，为避免磨削时堵塞砂轮，一般都采用高速镗削或高速精密车削进行精加工。

（3）表面加工方法的选择，除了首先保证质量要求外，还应考虑生产效率和经济性的要求。大批大量生产时，应尽量采用高效率的先进工艺方法。任何一种加工方法，可以获得的加工精度和表面质量均有一个相当大的范围。但只有在一定的精度范围内才是经济的，这种一定范围的加工精度即为该种加工方法的经济精度。选择加工方法时，应根据工件的精度要求选择与经济精度相适应的加工方法。例如，对于 IT7 级精度，表面粗糙度 Ra 值为 0.4 μm 的导柱外圆通过精密车削虽然可以达到要求，但在经济上就不如磨削合理。

（4）为了能够正确地选择加工方法，还要考虑本企业、本车间现有设备情况及技术条件。应该充分利用现有设备，挖掘企业潜力，发挥工人与技术人员的积极性和创造性。

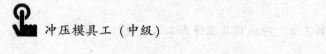

2. 常选用的加工方案

零件上比较精确的表面，是通过粗加工、半精加工和精加工逐步达到要求的。对这些表面仅仅根据质量要求，选择相应的最终加工方法是不够的。还应正确地确定从毛坯到最终成形的加工路线（即加工方案）。表2—3、表2—4、表2—5所列为常见的外圆、平面和内孔的加工方案，制定工艺时可做参考。

表2—3　　　　　　　　　　　外圆表面加工方案

序号	加工方案	经济精度级	表面粗糙度 $Ra/\mu m$	适用范围
1	粗车	IT11 以下	50 ~ 12.5	
2	粗车—半精车	IT10 ~ IT8	6.3 ~ 3.2	
3	粗车—半精车—精车	IT8	1.6 ~ 0.8	适用于淬火钢以外的各种金属
4	粗车—半精车—精车—滚压（或抛光）	IT8	0.2 ~ 0.025	
5	粗车—半精车—磨削	IT8 ~ IT7	0.8 ~ 0.4	
6	粗车—半精车—粗磨—精磨	IT7 ~ IT6	0.4 ~ 0.1	主要用于淬火钢，也可用于未淬火钢，但不宜加工有色金属
7	粗车—半精车—粗磨—精磨—超精加工	IT5	0.1	
8	粗车—半精车—精车—金刚石车	IT7 ~ IT6	0.4 ~ 0.025	主要用于有色金属的加工
9	粗车—半精车—粗磨—精磨—研磨	IT6 ~ IT5	0.16 ~ 0.08	极高精度外圆的加工
10	粗车—半精车—粗磨—精磨—超精磨或镜面磨	IT5 以上	<0.025（$Rz\,0.05\,\mu m$）	

表2—4　　　　　　　　　　　平面加工方案

序号	加工方案	经济精度级	表面粗糙度 $Ra/\mu m$	适用范围
1	粗车—半精车	IT9	6.3 ~ 3.2	
2	粗车—半精车—精车	IT8 ~ IT7	1.6 ~ 0.8	主要用于端面加工
3	粗车—半精车—磨削	IT9 ~ IT8	0.8 ~ 0.2	
4	粗刨（或粗铣）—精刨（或精铣）	IT10 ~ IT9	6.3 ~ 1.6	一般不淬硬平面
5	粗刨（或粗铣）—精刨（或精铣）—刮研	IT7 ~ IT6	0.8 ~ 0.1	精度要求较高的不淬硬平面，批量较大时宜采用宽刃精刨
6	以宽刃刨削代替上述方案中的刮研	IT7	0.8 ~ 0.2	
7	粗刨（或粗铣）—精刨（或精铣）—磨削	IT7	0.8 ~ 0.2	精度要求高的淬硬平面或未淬硬平面
8	粗刨（或粗铣）—精刨（或精铣）—粗磨—精磨	IT7 ~ IT6	0.4 ~ 0.2	

序号	加工方案	经济精度级	表面粗糙度 $Ra/\mu m$	适用范围
9	粗铣—拉削	IT9 ~ IT7	0.8 ~ 0.2	大量生产，较小的平面（精度由拉刀精度而定）
10	粗铣—精铣—磨削—研磨	IT6 以上	<0.1 （Rz 为 0.05）	高精度的平面

表 2—5　　　　　　　　　　内孔加工方案

序号	加工方案	经济精度级	表面粗糙度 $Ra/\mu m$	适用范围
1	钻	IT12 ~ IT11	12.5	加工未淬火钢及铸铁，也可用于加工有色金属
2	钻—铰	IT9	3.2 ~ 1.6	
3	钻—铰—精铰	IT8 ~ IT7	1.6 ~ 0.8	
4	钻—扩	IT11 ~ IT10	12.5 ~ 6.3	加工未淬火钢及铸铁，也可用于加工有色金属，孔径可大于20 mm
5	钻—扩—铰	IT9 ~ IT8	3.2 ~ 1.6	
6	钻—扩—粗铰—精铰	IT7	1.6 ~ 0.8	
7	钻—扩—机铰—手铰	IT7 ~ IT6	0.4 ~ 0.1	
8	钻—扩—拉	IT9 ~ IT7	1.6 ~ 0.1	大批大量生产（精度由拉刀的精度而定）
9	粗镗（或扩孔）	IT12 ~ IT11	12.5 ~ 6.3	除淬火钢以外的各种材料，毛坯有铸出孔或锻出孔
10	粗镗（粗扩）—半精镗（精扩）	IT9 ~ IT8	3.2 ~ 1.6	
11	粗镗（扩）—半精镗（精扩）—精镗（铰）	IT8 ~ IT7	1.6 ~ 0.8	
12	粗镗（扩）—半精镗（精扩）—精镗—浮动镗刀精镗	IT7 ~ IT6	0.8 ~ 0.4	
13	粗镗（扩）—半精镗—磨孔	IT8 ~ IT7	0.8 ~ 0.2	主要用于淬火钢，也可用于未淬火钢，但不宜用于有色金属
14	粗镗（扩）—半精镗—精镗—金刚镗	IT7 ~ IT6	0.2 ~ 0.1	
15	粗镗—半精镗—精镗—金刚镗	IT7 ~ IT6	0.4 ~ 0.05	主要用于精度高的有色金属
16	钻—（扩）—粗铰—精铰—珩磨 钻—（扩）—拉—珩磨 粗镗—半精镗—精镗—珩磨	IT7 ~ IT6	0.2 ~ 0.025	用于精度要求很高的孔
17	以研磨代替上述方案中的珩磨	IT6 以上	0.2 ~ 0.025	

二、冲压模具零件常用的普通切削方法

1. 车削

冲压模具中有大量的回转表面零件，如外圆柱、外圆锥表面的凸模；内圆柱、内圆锥凹模；导向的导柱和导套等。这些零件都具有回转表面，因此，车削加工广泛地应用于模具中轴类和套类零件的加工。

车削是以工件的旋转作为主运动，车刀相对工件做进给运动的切削加工方法。根据加工的位置不同，车削分为车外圆和车内孔。由于车刀的几何角度、切削用量及车削达到的精度不同，车削又可分为粗车、半精车和精车。

粗车的公差等级为IT13～IT11级，表面粗糙度 Ra 值为 50～12.5 μm。一般在模具零件的加工中粗车常作为精加工的准备工序。对模具零件中某些没有要求的部位，粗车可作为最终加工。

半精车是在粗车的基础上，进一步提高精度和减小表面粗糙度值，其公差等级为IT10～IT9级，表面粗糙度 Ra 值为 6.3～3.2 μm。半精车可作为精车和磨削前的预加工。

精车是为了达到零件的加工要求，其能达到的公差等级为IT8～IT6级，表面粗糙度 Ra 值为 1.6～0.8 μm。

如图2—3所示为利用车床可对模具零件进行加工的一些方法。

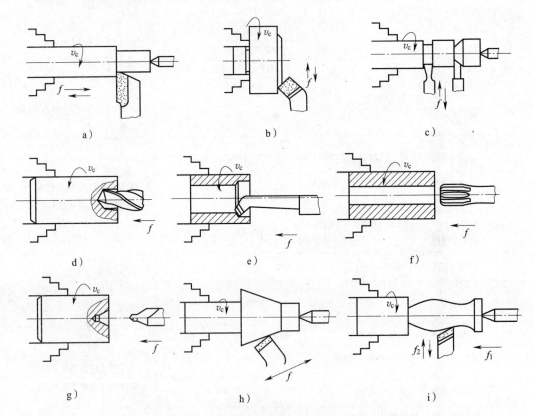

图2—3　利用卧式车床能加工的一些模具零件的典型型面

a) 车外圆　b) 车端面　c) 切断、车槽　d) 钻孔　e) 车孔

f) 铰孔　g) 钻中心孔　h) 车外圆锥面　i) 车成形面

2. 铣削

铣削是指在铣床上，铣刀旋转作为主运动，工件或铣刀做进给运动的切削加工方

法。工件在铣床上常用的装夹方法包括机床用平口虎钳装夹、压板和螺栓装夹、V 形架装夹和分度头装夹等。轴类工件也可用分度头上的顶尖与尾座顶尖一起装夹。

铣削根据选用的铣床不同分为卧铣（卧式升降台铣床）、立铣（立式升降台铣床）和龙门铣（龙门铣床）等。铣刀的种类也比较多，有圆柱铣刀、端铣刀（面铣刀）、立铣刀、圆盘铣刀、锯片铣刀、键槽铣刀、T 形槽铣刀、成形铣刀等。

铣削的加工范围很广，主要用于铣削平面、沟槽和成形面等。此外，还能进行孔加工（钻孔、扩孔、铰孔、镗孔）和分度工作。

（1）铣削水平面和垂直面

冲压模具有许多板类零件，如凹模板、卸料板、固定板等。这些零件的特点是平面比较多，这些平面的加工都选用铣削加工。铣削平面可在卧式铣床或立式铣床上进行，如图 2—4 所示。其中，图 2—4a 所示为用镶齿面铣刀在立式铣床上铣削水平面，图 2—4b 所示为用镶齿面铣刀在卧式铣床上铣削垂直面；图 2—4c 所示为用立铣刀在立式铣床上铣削内凹平面；图 2—4d 所示为用圆柱铣刀在卧式铣床上铣削平面；图 2—4e 所示为用立铣刀在立式铣床上铣削台阶面；图 2—4f 所示为用三面刃铣刀在卧式铣床上铣削台阶面。

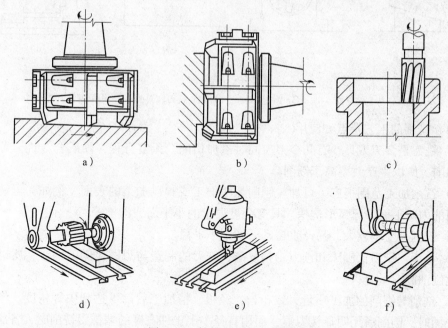

a)　　　　　　　　　b)　　　　　　　　　c)

d)　　　　　　　　　e)　　　　　　　　　f)

图 2—4　铣削水平面和垂直面

（2）铣斜面

斜面实质上就是与基准面倾斜的平面。铣斜面的方法也很多，一般常用以下四种方法。

1）使用倾斜垫铁铣斜面，如图 2—5a 所示，在工件基准面下垫一块与斜面角度相同的倾斜垫铁，即可铣出所需要的斜面。改变斜垫铁的角度 α，就可铣出不同角度的斜面。这种方法一般采用机床用平口虎钳装夹。

2）利用分度头铣斜面，如图 2—5b 所示，在一些适宜用卡盘装夹的工件（如圆柱体等）上铣斜面时，可利用分度头装夹工件，将分度头主轴扳转一定角度后即可铣出斜面。

3）偏转铣刀铣斜面，如图2—5c所示，偏转铣刀可以在立式铣床上将主轴扳转一定角度实现，也可在卧式铣床上借助万能铣头实现。偏转铣刀铣斜面可采用面铣刀的端面刃铣斜面和用立铣刀圆柱刃铣斜面两种方法。

4）利用角度铣刀铣斜面，如图2—5d所示，这种方法适宜铣削宽度较小的斜面。由于角度铣刀的切削刃与铣刀轴线倾斜成某一角度，因此可以利用合适的角度铣刀铣出相应的斜面。

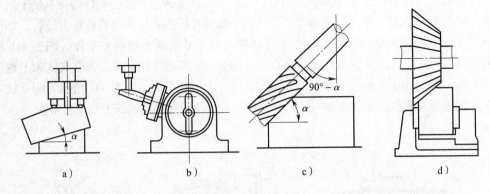

图2—5　铣斜面

a）用倾斜垫铁铣斜面　b）用分度头铣斜面　c）偏转铣刀铣斜面　d）用角度铣刀铣斜面

（3）铣削的工艺特点和应用

1）铣刀是多刃刀具，有几个刀齿同时参加切削，无空行程，硬质合金铣刀可实现高速切削，所以生产效率高于刨削。

2）铣削加工范围很广。可加工刨削无法加工或难以加工的表面。例如，可铣削周围封闭的内凹平面、圆弧形沟槽、具有分度要求的小平面或沟槽等。

3）铣削力变动较大，易产生振动，切削不平稳。

4）铣床、铣刀比刨床和刨刀结构复杂，铣刀的制造与刃磨比刨刀困难，所以铣削成本比刨削高。

5）铣削与刨削的加工质量大致相当，经粗、精加工后都可达到中等精度。但在加工大平面时，刨削后无明显接刀痕，而用直径小于工件宽度的端铣刀铣削时，各次走刀间有明显的接刀痕，影响表面质量。粗铣后两平面之间的尺寸公差等级可达IT13～IT11级，表面粗糙度Ra值为12.5 μm；精铣后尺寸公差等级为IT9～IT7级，Ra值为3.2～1.6 μm。用硬质合金镶齿端铣刀铣削大平面时，直线度公差可达0.04～0.08 mm/m。

除了用普通铣床铣削外，还可选用数控铣床、加工中心、高速铣床进行铣削。

3. 磨削

当冲压模具零件的尺寸精度和表面质量有较高要求，而且模具零件的前工序为达到零件使用的硬度，经过淬火处理后，往往采用的加工方法是磨削。因此，磨削是模具零件加工最终的加工方案之一。模具零件采用的磨削方法有平面磨削、外圆磨削、成形磨削、坐标磨削等。

(1) 平面磨削

平面磨削利用电磁吸盘装夹工件，操作简单、方便，能同时装夹多个工件。工件定位面被均匀吸紧，能保证定位面与加工面间的平行度要求。如磨削互为基准的相对的两平面，则可提高平行度。此外，使用具有磁导性的夹具，可磨削垂直面和倾斜面。磨削铜、铝等非磁性材料时，可用精密机床用平口虎钳装夹，然后用电磁吸盘吸牢，或采用真空吸盘进行装夹。

如图 2—6 所示为平面磨削的两种形式，图 2—6a 所示为用砂轮的圆周面磨削工件，图 2—6b 所示为利用砂轮的端面磨削工件。

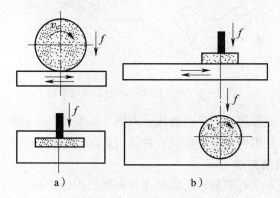

图 2—6　平面磨削的两种形式

a) 周磨法　b) 端磨法

平面磨削大量用于模具零件的平面加工，特别是淬火后为提高零件的尺寸精度和表面质量的平面零件。

(2) 外圆磨削

外圆磨削用于冲压模具的圆形凸模和轴类零件的加工。

磨削外圆时，最常见的装夹方法是用两个顶尖将工件支承起来，或者工件被装夹在卡盘上。磨床上使用的顶尖都是固定顶尖，以减小安装误差，提高加工精度。顶尖装夹适用于有中心孔的轴类零件。无中心孔的圆柱形零件多采用三爪自定心卡盘装夹。不对称的或形状不规则的工件则采用四爪单动卡盘或花盘装夹。如图 2—7 所示为凸模的外圆磨削。

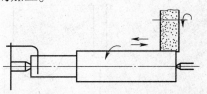

图 2—7　凸模的外圆磨削

三、冲压模具成形零件的成形磨削

成形磨削是精加工冲压模具零件成形面的一种主要方法，成形磨削的基本原理就是把构成零件形状的复杂几何形线分解成若干简单的直线、斜线和圆弧，然后进行分段磨削，使构成零件的几何形线互相连接圆滑、光整，达到图样的技术要求。

由于冲裁模具的凸模、凹模镶块等零件的几何形状一般都是由若干平面、斜面和圆柱面组成的，即其轮廓由直线、斜线和圆弧等简单线条所组成，冲压模具刃口断面几何形状如图2—8所示。因此，成形磨削是解决该类零件加工的主要而有效的方法。

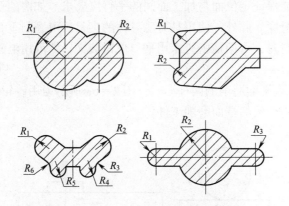

图2—8　冲压模具刃口断面几何形状

成形磨削可以在成形磨床、平面磨床、万能工具磨床和工具曲线磨床上进行。其中采用平面磨床加附件是用得比较广泛的一种成形磨削。

1. 常用的成形磨削方法

常用的成形磨削方法有成形砂轮磨削法和夹具磨削法两种。

（1）成形砂轮磨削法

利用修整砂轮夹具把砂轮修整成与工件型面完全吻合的反型面，然后再用此砂轮对工件进行磨削，使其获得所需的形状，如图2—9a所示。利用成形砂轮对工件进行磨削是一种简便、有效的方法，它的磨削效率高，但砂轮消耗较大。此法一次磨削的表面宽度不能太大，修整砂轮时必须保证必要的精度。

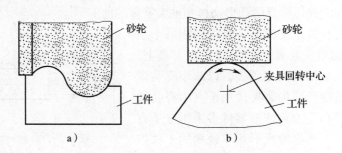

图2—9　常用的成形磨削的方法
a）成形砂轮磨削法　b）夹具磨削法

（2）夹具磨削法

将工件按一定的条件装夹在专用夹具上，在加工过程中通过夹具的调节使工件固定或不断改变位置，从而使工件获得所需的形状，如图2—9b所示。利用夹具磨削法对工件进行磨削，其加工精度很高，甚至可以使零件具有互换性。成形磨削的专用夹具主要有磨平面及斜面用夹具、分度磨削夹具、万能夹具及磨大圆弧夹具等几种。

上述两种磨削方法虽然各有特点，但在加工模具零件时，为了保证零件质量，提高生产效率，降低成本，往往需要两者联合使用，并且将专用夹具与成形砂轮配合使用，方可磨削出形状复杂的工件。

2. 砂轮的选择

砂轮在磨削过程中起切削刀具的作用，它的好坏直接影响加工精度、表面质量和生产效率等。为了获得良好的磨削效果，正确选择砂轮十分重要。

砂轮的特性由磨料、粒度、结合剂、硬度、组织、强度、形状和尺寸等因素所决定。每一种砂轮根据其本身的特性，都有一定的适用范围。所以在磨削加工时，必须根据具体情况，综合考虑工件的材料、热处理方法、加工精度和表面粗糙度、形状尺寸、磨削余量等要求，选用合适的砂轮。

常用砂轮外径一般不小于150 mm，最大可至200 mm，厚度应根据工件形状决定。成形磨削常用砂轮形状见表2—6。

表2—6　　　　　　　　　　　成形磨削常用砂轮形状

砂轮名称	代号	砂轮断面形状	用途
平形砂轮	1	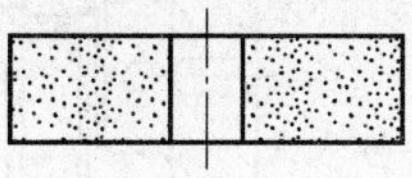	用于各种平面、角度面、圆弧面的磨削
双面凹带锥砂轮	26	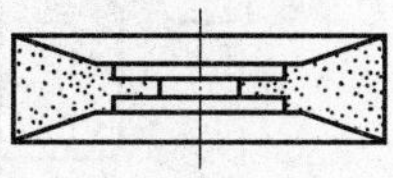	用于清角、直角、端面磨削
双面凹一号砂轮	7	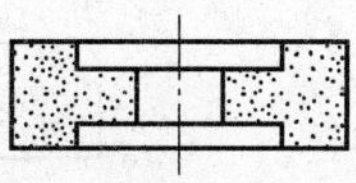	用于清角、直角、端面磨削
碟形砂轮	12a、12b	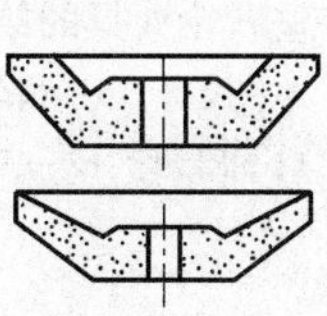	用于各种凹圆弧面磨削
碗形砂轮	11	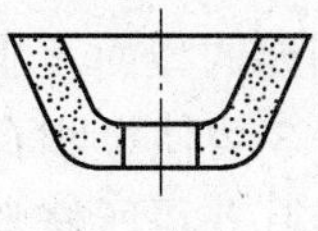	用于清角、端面及直角磨削
薄片砂轮	41	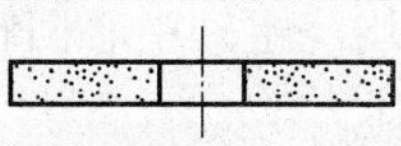	用于磨沟槽、切断

3. 成形磨削修整成形砂轮的夹具

成形磨削所使用的设备可以是特殊专用磨床，如成形磨床，也可以是一般平面磨床。由于设备条件的限制，利用一般平面磨床并借助专用夹具及成形砂轮进行成形磨削的方法，在模具零件的制造中占有很重要的地位。而在专业模具企业，常利用安装有万能夹具的成形磨床进行磨削，必要时再配合成形砂轮，可磨削由圆弧及直线组成的复杂模具零件表面，其加工精度高、表面粗糙度值低。

（1）角度修整砂轮夹具

角度修整砂轮夹具的结构如图2—10所示，可修整0°～100°范围内的各种角度砂轮。当旋转手轮10时，通过齿轮5和滑块3上齿条4的传动，使装有金刚石刀2的滑块3沿着正弦尺座1的导轨做直线移动。正弦尺座可以绕心轴6转动，转动的角度是利用在圆柱9与平板7或侧面垫板8之间垫一定尺寸量块的方法来控制的。当正弦尺座转到所需的角度时，拧紧螺母11将正弦尺座压紧在支架12上。

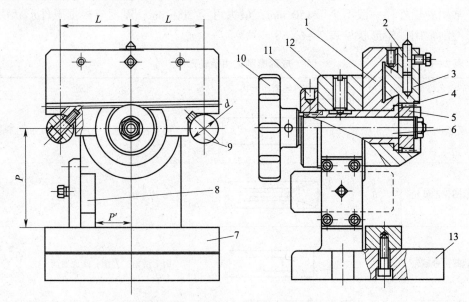

图2—10　角度修整砂轮夹具的结构

1—正弦尺座　2—金刚石刀　3—滑块　4—齿条　5—齿轮　6—心轴　7—平板
8—垫板　9—圆柱　10—手轮　11—螺母　12—支架　13—底座

（2）圆弧修整砂轮夹具

圆弧修整砂轮夹具有卧式圆弧修整砂轮夹具、立式圆弧修整砂轮夹具、摆动式圆弧修整砂轮夹具等。如图2—11所示为卧式圆弧修整砂轮夹具的结构。该夹具可修整各种不同半径的凹、凸圆弧，或由圆弧与圆弧相连的型面。主轴7的左端装有滑座4，金刚石刀1固定在金刚石刀支架2上。通过螺杆3可使金刚石刀架沿滑座上下移动，以调整金刚石刀的刀尖至夹具回转中心的距离，使其获得所修整砂轮的不同圆弧半径。当转动手轮8时，主轴7及固定在其上的滑座等均绕主轴中心回转，回转的角度可用固定在支架上的刻度盘5、挡块9和角度标6来控制。

（3）万能修整砂轮夹具

万能修整砂轮夹具的结构如图2—12所示。它可修整凸、凹圆弧及角度砂轮，并可修整由圆弧与圆弧或圆弧与直线相连的型面砂轮。

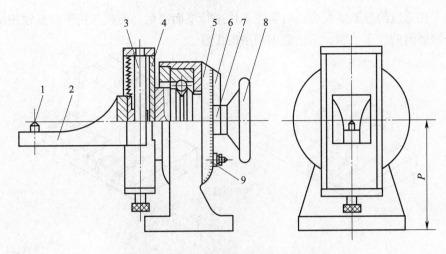

图 2—11 卧式圆弧修整砂轮夹具的结构

1—金刚石刀 2—金刚石刀支架 3—螺杆 4—滑座 5—刻度盘

6—角度标 7—主轴 8—手轮 9—挡块

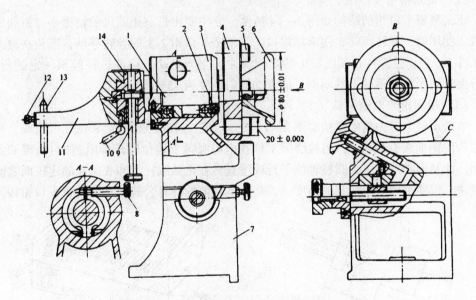

图 2—12 万能修整砂轮夹具的结构

1—主轴 2—调整螺母 3—主体 4—正弦分度盘 5—正弦圆柱 6—手轮

7—底座 8、10—锁紧手柄 9—正齿轮杆 11—刀杆滑板

12—螺钉 13—金刚石刀杆 14—横滑板

4. 磨削平面及斜面用夹具

（1）电磁吸盘、导磁体

电磁吸盘和常用的导磁体如图 2—13 所示。图 2—13a 的电磁吸盘上为平行导磁体，平行导磁体的 a、b 及对称面四个表面是经过精磨并相互垂直的。图 2—13b 的电磁吸盘上为端面导磁体，端面导磁体的 c、d 及对称面四个表面也是经过精磨并相互垂直的。导磁体可做成几种不同的尺寸，一般相同的尺寸做成两件或四件为一套。电磁吸盘和与

工件加工相适应的导磁体配合，可装夹工件进行平面磨削，与机床用平口虎钳相比能够扩大平面磨削的加工范围，适于磨削扁平的工件。

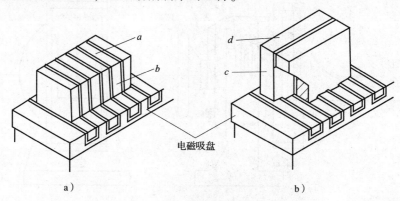

图2—13 电磁吸盘和导磁体

a）平行导磁体 b）端面导磁体

（2）正弦精密平口钳

正弦精密平口钳的结构如图2—14所示，它主要由带有正弦尺的精密平口钳和底座组成。使用时，旋转螺杆5使活动钳口4沿精密平口钳2上的导轨移动，以装夹被磨削的工件3。在正弦圆柱6和底座1的定位面之间垫入量块，可使工件倾斜一定的角度。这种夹具用于磨削零件上的斜面，最大的倾斜角度为45°。

（3）单向正弦电磁夹具

单向正弦电磁夹具的结构如图2—15所示，它主要由电磁吸盘和正弦尺组成，在电磁吸盘的侧面装有挡板7，当被磨削工件在电磁吸盘上定位时作为限制z自由度的定位基面，此基面必须与正弦圆柱轴线平行或垂直。在正弦圆柱2和底座4的定位面之间垫入量块，可使工件倾斜一定的角度，需垫入量块值的计算公式与正弦精密平口钳相同。

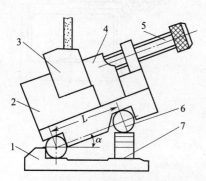

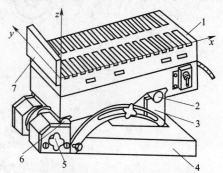

图2—14 正弦精密平口钳的结构

1—底座 2—精密平口钳 3—工件

4—活动钳口 5—螺杆

6—正弦圆柱 7—量块

图2—15 单向正弦电磁夹具的结构

1—电磁吸盘 2、6—正弦圆柱 3—量块

4—底座 5—偏心锁紧器 7—挡板

单向正弦电磁夹具与正弦精密平口钳的区别仅在于用电磁吸盘代替平口钳装夹工件，这种夹具用于磨削工件的斜面，其最大的倾斜角度同样是45°，更适合磨削扁平工件。

5. 分度零件磨削夹具

常用的分度零件磨削夹具有正弦分中夹具、旋转夹具等。正弦分中夹具可磨削具有一个回转中心的凸圆弧面、多角体、分度槽等工件，如图2—16a 所示。旋转夹具适于磨削以圆柱面定位并带有台肩的多角体、等分槽，以及带 1~2 个凸圆柱的工件，如图2—16b 所示。

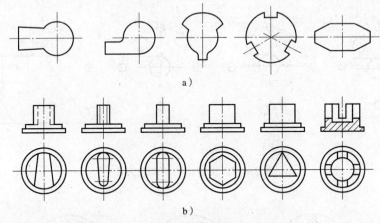

图2—16　工件形状

如图2—17 所示为旋转夹具的结构。旋转夹具的主轴 11 一端装有正弦分度盘 3，另一端装有滑板 10，滑板上带有一 V 形块 6，工件的圆柱面在 V 形块上定位，通过旋转螺杆 9 调整工件的圆柱中心，使其与夹具主轴回转中心重合，钩形压板 12 和夹紧螺钉 13 是用来将工件紧固在 V 形块上的。旋转正弦分度盘 3 时，可利用定位块 1、撞块 2 控制回转角度，从分度盘圆周的刻度上读出回转角度，或在正弦圆柱 4 与精密垫板 5 之间垫上一定尺寸的量块，可精确地获得所需的角度。

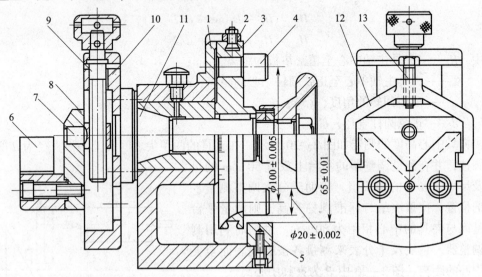

图2—17　旋转夹具的结构

1—定位块　2—撞块　3—正弦分度盘　4—正弦圆柱　5—精密垫板　6—V 形块　7—螺母
8—滑座　9—螺杆　10—滑板　11—主轴　12—钩形压板　13—夹紧螺钉

使用该夹具时，工件圆柱中心与夹具主轴回转中心的调整方法如图2—18所示。在图2—18a、b所示的两个位置，用千分表测量工件外圆柱读数值之和的一半，调整V形块以达到两个中心重合，如图2—18c所示。当夹具分度需回转精确角度时，用量块来实现，量块值计算公式如下（见图2—19）：

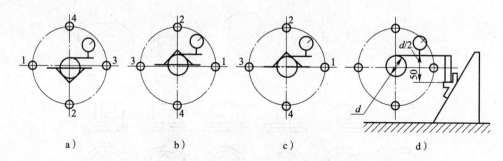

图2—18　工件中心的调整方法

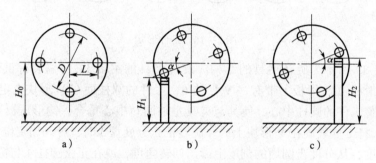

图2—19　分度时量块值的计算

$$H_1 = H_0 - L\sin\alpha - d/2$$
$$H_2 = H_0 + L\sin\alpha - d/2$$

式中　H_0——夹具主轴中心至精密垫板的距离，mm；

L——夹具主轴中心至正弦圆柱中心的距离，mm；

α——所要回转的角度，(°)；

d——正弦圆柱直径，mm。

夹具中心高度的测定如图2—20所示。在夹具的两顶尖之间装上一根直径为d的标准圆柱，并在测量调整器的平台上放置50 mm的量块及尺寸为$d/2$的量块组。借助千分表调整测量平台的位置，使量块组与标准圆柱等高，则测量平台的基面与夹具的中心相距为50 mm。磨削时利用测量调整器、量块及千分表来测量各被磨削表面至夹具中心的距离，图2—20中P为夹具中心高。

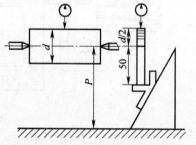

图2—20　夹具中心高度的测定

6. 成形磨削实例

（1）单向正弦电磁夹具磨削实例

表2—7所列为电动机硅钢片冲槽凸模分段磨削

工艺过程。它以单向正弦电磁夹具定位、夹紧工件，并以成形砂轮顺次、分段磨削工件的各加工面。

表 2—7　　　　　　　　　　　　电动机硅钢片冲槽凸模分段磨削工艺过程

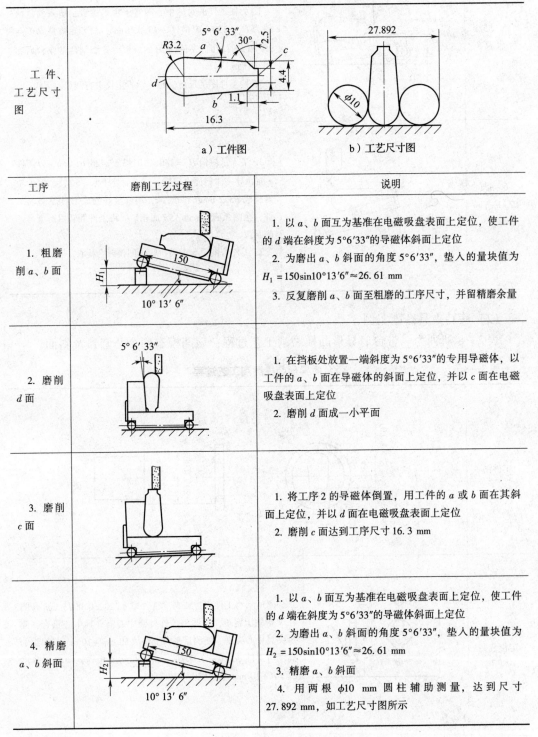

工序	磨削工艺过程	说明
工件、工艺尺寸图	a）工件图　　b）工艺尺寸图	
1. 粗磨削 a、b 面		1. 以 a、b 面互为基准在电磁吸盘表面上定位，使工件的 d 端在斜度为 5°6′33″ 的导磁体斜面上定位 2. 为磨出 a、b 斜面的角度 5°6′33″，垫入的量块值为 $H_1 = 150\sin10°13′6″ \approx 26.61$ mm 3. 反复磨削 a、b 面至粗磨的工序尺寸，并留精磨余量
2. 磨削 d 面		1. 在挡板处放置一端斜度为 5°6′33″ 的专用导磁体，以工件的 a、b 面在导磁体的斜面上定位，并以 c 面在电磁吸盘表面上定位 2. 磨削 d 面成一小平面
3. 磨削 c 面		1. 将工序 2 的导磁体倒置，用工件的 a 或 b 面在其斜面上定位，并以 d 面在电磁吸盘表面上定位 2. 磨削 c 面达到工序尺寸 16.3 mm
4. 精磨 a、b 斜面		1. 以 a、b 面互为基准在电磁吸盘表面上定位，使工件的 d 端在斜度为 5°6′33″ 的导磁体斜面上定位 2. 为磨出 a、b 斜面的角度 5°6′33″，垫入的量块值为 $H_2 = 150\sin10°13′6″ \approx 26.61$ mm 3. 精磨 a、b 斜面 4. 用两根 $\phi10$ mm 圆柱辅助测量，达到尺寸 27.892 mm，如工艺尺寸图所示

工序	磨削工艺过程	说明
5. 磨小台肩及斜面	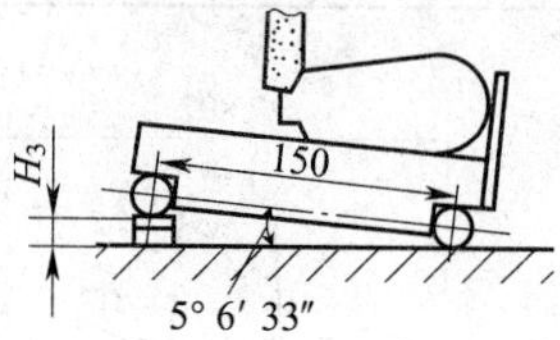	1. 为使工件的对称中心线置于水平位置，垫入的量块值为 $H_3 = 150\sin5°6'33'' \approx 13.358$ mm。将砂轮修整成0°与30°相交的斜面，用修整好的成形砂轮磨削两侧小台肩和30°斜面 2. 按零件图的尺寸，用光学投影仪进行测量。
6. 磨削 $R3.2$ mm 圆弧	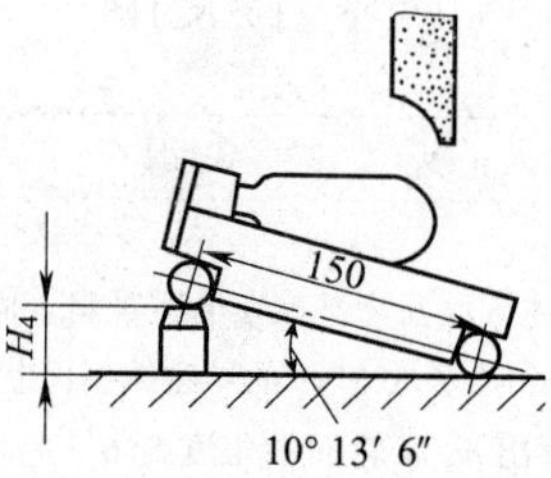	1. 垫入量块值 $H_4 = 150\sin10°13'6'' \approx 26.61$ mm，以工件 a 面在导磁体斜面上定位，则 b 面处于水平位置。将砂轮修整成 $R3.2$ mm 的凹圆弧，用修整好的成形砂轮磨削工件，至圆弧面与 b 面及 d 面相切。将工件翻转再磨削另一侧圆弧 2. 工件磨削后与电动机转子凹模对合检查

（2）旋转夹具磨削实例

表2—8 所列为一带台肩异形凸模磨削工艺过程，该凸模有两个凸圆弧及斜面。

表2—8　　　　　　　　　带台肩异形凸模磨削工艺过程

工件图	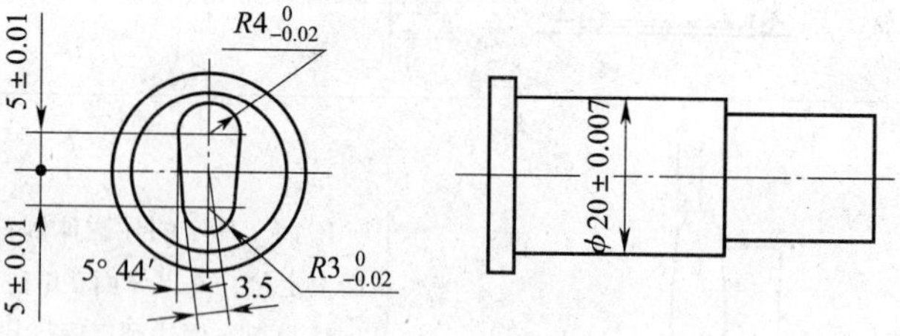
工件的定位装夹	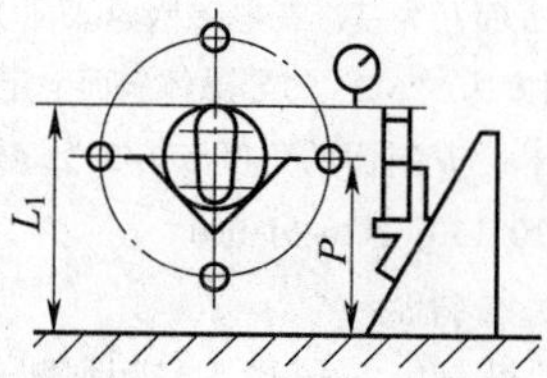 如图所示将工件定位装夹。工件以 $\phi(20 \pm 0.007)$ mm 外圆在 V 形块上定位，并调整工件外圆中心与夹具中心重合，测量夹具中心高度。使测量平台上垫放 50 mm + 10 mm 量块组的高度与工件 $\phi(20 \pm 0.007)$ mm 外圆高度相等，即测量高度 $L_1 = P + 10$ mm（P 为夹具中心高）

工序 1 磨削两个 5°44′斜面	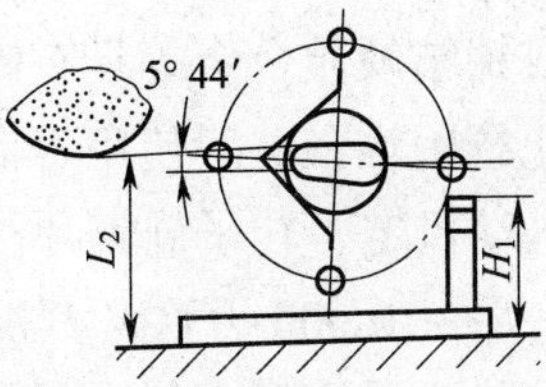 1. 在正弦圆柱与基准板之间垫入量块值 $H_1 = P - 50\sin5°44' - 10 \approx P - 14.99$ mm，可使工件上两凸圆中心连线在水平的基础上倾斜 5°44′ 的角度 2. 调整测量平台上的量块组，使其上表面距夹具中心高出 3.5 mm，即测量高度 $L_2 = P + 3.5$ mm 3. 用砂轮的圆周磨削工件的斜面，磨至斜面的高度与量块组上表面高度相等，将工件掉头磨削另一斜面，方法相同
调整工件 位置	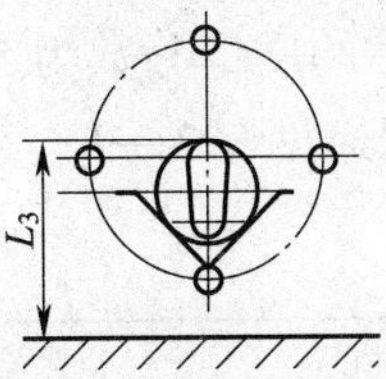 如图所示调整工件的位置。将工件两凸圆中心连线置于垂直，转动图 2—17 中的螺杆 9 使 V 形块带动工件下降，工件外圆的高度距夹具中心高出（5±0.01）mm，即测量高度 $L_3 = P + $（5±0.01）mm，这时 $R4_{-0.02}^{\ 0}$ mm 凸圆弧中心与夹具中心重合
工序 2 磨削 $R4_{-0.02}^{\ 0}$ mm 的凸圆弧	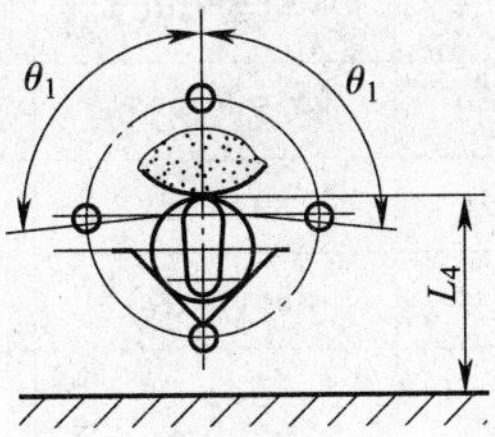 1. 调整测量平台上的量块组，使其上表面距夹具中心高出 4 mm，即测量高度 $L_4 = P + 4$ mm，顺、逆时针转动夹具主轴相同的角度 $\theta_1 = 90° + 5°44' = 95°44'$，如图所示 2. 用砂轮磨削工件凸圆弧，磨至凸圆弧边缘与量块组上表面高度相等
调整工件 位置	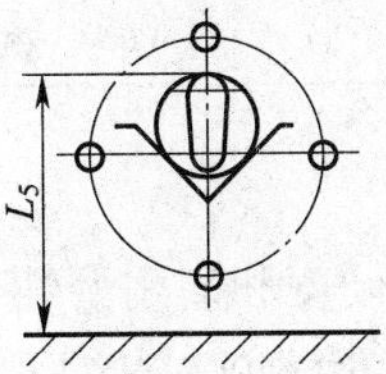 如图所示调整工件的位置。转动图 2—17 中的螺杆 9 使 V 形块带着工件上升，至工件外圆的高度距夹具中心高出 15 mm，即测量高度 $L_5 = P + 15$ mm，这时 $R3$ mm 凸圆弧中心与夹具中心重合
工序 3 磨削 $R3$ mm 凸圆弧	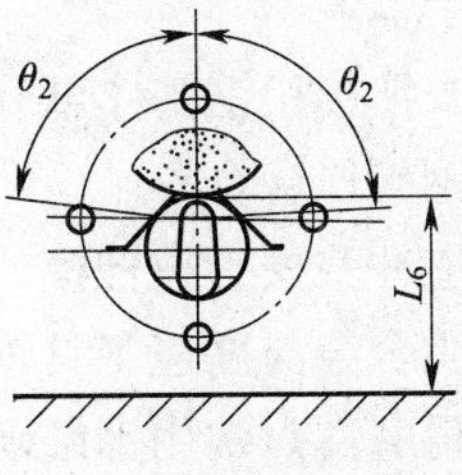 1. 将工件翻转 180° 调整测量平台上的量块组，使其上表面距夹具中心高出 3 mm，即测量高度 $L_6 = P + 3$ mm，顺逆时针转动夹具主轴相同的角度 $\theta_2 = 90° - 5°44' = 84°16'$，如图所示 2. 用砂轮磨削工件凸圆弧至半径为 $R3$ mm

四、高硬材料精密零件的成形磨削

1. 模具常用的高硬材料及其性能

为提高冲模使用寿命和性能，常使用硬质合金或钢结硬质合金等具有硬度高、耐磨性能好的高硬材料来制造。由于这些高硬材料加工比较困难，一般使用寿命特高，刃磨寿命达 100 万次或以上冲模的凸模和凹模拼块。如电动机定、转子硅钢片凸模与凹模拼块则常采用硬质合金进行制造，其总寿命可达 8 000 万～10 000 万次。其加工常采用的方法有两种：一是采用粉末冶金法，使其基本成形；然后采用粗、精磨削成形。二是采用电火花线切割成形，留精密磨削余量，最终采用精密磨削成形。

（1）硬质合金分类与性能

模具常用的硬质合金主要为钨、钴类合金，其中钴的质量分数为 5%～25%，冲裁模凸、凹模常用 YG15、YG20。常用硬质合金性能与用途见表 2—9。

表 2—9　　　　　　　　　　常用硬质合金性能与用途

牌号	成分（质量分数）（%）		物理、力学性能			用途
	WC	Co	抗弯强度/MPa	相对密度	硬度　HRA（相当 HRC）	
YG6	94	6	≥1 400	14.6～15.0	89.5（>72）	简单成形
YG8	92	8	≥1 500	14.4～14.8	89（72）	成形、拉伸
YG11	89	11	≥1 800	14.0～14.4	88（>69）	拉伸
YG15	85	15	≥1 900	13.9～14.1	87（69）	拉伸、冲裁、冷挤
YG20	80	20	≥2 600	13.4～13.5	85.5（>65）	冲裁、冷挤、冷裁
YG25	75	25	≥2 700	13.0	85（65）	

硬质合金性能如下。

1）硬度高、耐磨性好，在较高温度下仍能保持高硬度和高耐磨性。

2）抗压强度比钢高 5～6 倍；常温下其抗压强度高达 6 000 N/mm²，但耐冲击韧度低。

3）不需进行热处理，没有热处理变形。但硬质合金加工成形难度大。

（2）钢结硬质合金分类与性能

钢结硬质合金按硬质相可分为 WC 和 TiC 两类；按粘接相钢基体可分为碳素工具钢或合金工具钢钢结硬质合金、高速钢硬质合金、不锈钢硬质合金等。

其中碳素工具钢或合金工具钢硬质合金常用来制造冲裁模、拉伸模、切边模和冷挤压模的凸、凹模。高速钢硬质合金的性能，则介于硬质合金与高速工具钢之间，在模具中也广泛应用。不锈钢硬质合金，则具有耐腐蚀性和耐磨性。常用钢结硬质合金牌号和力学性能见表 2—10。

表 2—10　　　　　　　　　　钢结硬质合金

合金牌号	硬质相种类及质量分数	硬度 HRC		抗弯强度/（N/mm²）	冲击韧度/（J/cm²）	密度/（g/cm³）
		加工态	使用态			
DT	WC40%	32 ~ 38	61 ~ 64	2 500 ~ 3 600	18 ~ 25	9.8
TLMW50	WC50%	35 ~ 42	66 ~ 68	2 000	8 ~ 10	10.2
GW50	WC50%	35 ~ 42	66 ~ 68	1 800	12	10.2
GW40	WC40%	34 ~ 40	63 ~ 64	2 600	9	9.8
GJW50	WC50%	34 ~ 38	65 ~ 66	2 000	7	10.2
GT33	TiC33%	38 ~ 45	67 ~ 69	1 400	4	6.5
GT35	TiC35%	39 ~ 46	67 ~ 69	1 400 ~ 1 800	6	6.5
TW6	TiC25%	35 ~ 38	65	2 000		6.6
GTN	TiC25%	32 ~ 36	64 ~ 68	1 800 ~ 2 400	8 ~ 10	6.7

钢结硬质合金其退火状态的硬度为 35 ~ 46 HRC，可采用普通加工方法成形，其线切割性能比硬质合金要好得多。钢结硬质合金与其他模具钢一样需进行热处理，但其热处理变形很小。而且该材料还具有一定的可锻性与冷塑性变形的性能。

2. 模具常用的高硬材料成型件的成形磨削

（1）硬质合金凸、凹模的成形磨削

1）间断磨削。磨削硬质合金用的砂轮磨料应具有很高的强度，不然会很快磨钝。但是，一般砂轮用的磨料在磨削硬质合金时，多易很快钝化，且自砺性不好，钝化的砂粒难以自动脱落，则在磨削过程中，在砂轮与加工表面之间将产生剧烈摩擦，而引发瞬间高温，可达 1 000℃以上，从而使硬质合金表面容易产生裂纹。因此，磨削时常采用绿色碳化硅砂轮，并在圆周上开一定尺寸、角度和数量的槽，进行间断式磨削，则可增高砂轮的自砺性。槽形尺寸和数量可参见有关的设计手册。

2）金刚石砂轮磨削。金刚石砂轮由磨料层、过渡层和基体三部分组成。基体材料随结合剂而采用不同材料。当采用金属结合剂时，其基体为钢或铜合金；采用树脂结合剂时，其基体则为铝、铝合金或电木；采用陶瓷结合剂时，其基体则采用陶瓷。

采用金刚石砂轮成形磨削有两种方式：一是将金刚石砂轮装在磨床的磨头上，采用展成法或轨迹法进行成形磨削；二是将金刚石砂轮压制成与工件形状、尺寸相吻合，采用仿形或切入法进行。

成形磨削前工序的零件一般采用电火花线切割加工，并留一定的磨削余量。

（2）钢结硬质合金凸、凹模的成形磨削

由于钢结硬质合金在其退火状态的硬度仅为 35 ~ 46 HRC，因此，钢结硬质合金凸、凹模的精坯，除采用电火花线切割外还可采用机械加工制造。

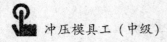

钢结硬质合金经淬火、回火后，其硬度很高，接近硬质合金。因此，其磨削方式和磨削工艺条件（磨削用量）均和磨削硬质合金凸模与凹模拼块相同。但其磨削余量可选用较大值，一般可选 0.06 ~ 0.1 mm。

若凸、凹模精度和使用性能要求较低，则可在退火状态下进行成形磨削。淬火后，进行研磨成形也可。磨削用的砂轮，可为白刚玉、碳化硅、碳化硼等。采用金刚石砂轮时，则与磨削硬质合金磨削工艺相同。表 2—11 是金刚石砂轮磨削实例。

表 2—11   金刚石砂轮磨削实例

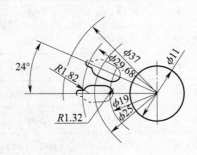

工序	简图	设备名称	工具	备注
1		平面磨床	金刚石砂轮 粒度：180 质量分数：50%	磨削平面 1 和两端面 2、3 磨削速度：30 m/s 进给速度：2 m/min 背吃刀量：0.02 m/min
2		平面磨床	金刚石砂轮 粒度：180 质量分数：50%	磨削平面 1、2，检验尺寸 7.62 和 24° 磨削速度：30 m/s 进给速度：2 m/min 背吃刀量：0.02 m/min
3		碳化硼磨料 粒度：180 ~ 200		研磨平面 1、2 检验尺寸 7.567 和 24°

续表

工序	简图	设备名称	工具	备注
4	$R18.5^{+0.02}_{0}$	光学曲线磨床放大倍数：50:1	金刚石砂轮夹具	磨削表面 1磨削速度：30 m/s手进给背吃刀量：0.02 mm
5	2　　　1	光学曲线磨床放大倍数：50:1	金刚石砂轮粒度：180质量分数：50%	磨槽面 1、2

五、冲压模具成形零件的坐标磨削加工

1. 坐标磨削

坐标磨削往往用于模板的孔或孔系淬火后的精加工，是对消除工件热处理变形、提高加工精度而实施的精密加工工艺。

坐标磨削加工和坐标镗削加工的工艺步骤基本相同。坐标磨削同样和坐标镗削加工一样，是按准确的坐标位置来保证加工尺寸的精度，只是将镗刀改为砂轮。坐标磨削范围较大，可以加工直径小于 1 mm 至直径达 200 mm 的高精度孔。加工精度可达 0.005 mm，加工表面粗糙度可达 $Ra = 0.32 \sim 0.08$ μm。

坐标磨削时有三种基本运动，即砂轮的高速旋转运动、行星运动（砂轮回转轴线的圆周运动）及砂轮沿机床主轴方向的直线往复运动，如图 2—21 所示。

坐标磨削主要用于模具精加工，如精密间距的孔、精密型孔、轮廓等。在坐标磨床上，可以完成内孔磨削、外圆磨削、锥孔磨削（需要专门机构）、直线磨削等。坐标磨削对于位置、尺寸精度和硬度要求高的多孔、多型孔的模板和凹模，是一种较理想的精密加工方法。

坐标磨床磨削有手动和数控连续轨迹两种。前者用手动点定位，无论是加工内轮廓还是外轮廓，都要

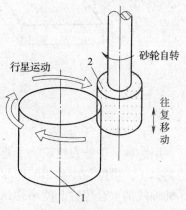

图 2—21　坐标磨削的基本运动
1—工件　2—砂轮

把工作台移动或转动到正确的坐标位置，然后由主轴带动高速磨头旋转，进行磨削；数控连续轨迹坐标磨削是由计算机控制坐标磨床，使工作台根据数控系统的加工指令进行移动或转动。

2. 坐标磨削时工件的定位与找正

坐标磨床工件的定位和找正方法与坐标镗床相类似，定位找正工具及其操作方法如下。

（1）千分表找正

其目的是找正工件基准侧面与主轴轴线重合的位置。它是将千分表装于主轴上，移动工件被测侧面与千分表接触，将工件被测侧基准面在180°方向上测量两次，取读数值的一半作为移动工件（工作台）的距离。再用上述方法复测一次，如两次读数相等则工件侧基准面与主轴轴线重合。找正后即可固定工件位置。

（2）用定位角铁和光学中心测定器找正

如图2—22所示为用定位角铁和光学中心测定器找正的方法。光学中心测定器2的锥尾安装在主轴的锥孔内，目镜3的视场内有两对十字线，如图2—22b所示。定位角铁1的两个内表面相互垂直，一个外表面上固定有一观测圆台，台面上的刻线与角铁内垂直面重合。找正工件时，将角铁的内垂直面紧贴工件4的基准面（b面或a面），从目镜观察，并移动工作台，使角铁的刻线恰好落在显微镜的两观测线之间，表示工件的基准面已对准主轴中心，如图2—22a所示。

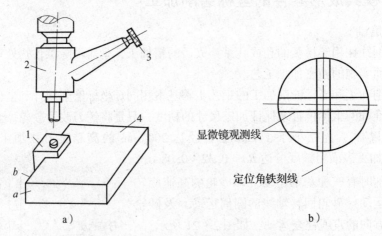

a)   b)

图2—22　定位角铁和光学中心测定器
1—定位角铁　2—光学中心测定器　3—目镜　4—工件

（3）芯棒、千分表找正

用芯棒、千分表找正，主要是为了找正小孔的孔位。因千分表不能直接用于小孔孔位的找正。借助与小孔相配的芯棒如钻头柄等插入小孔后，再用千分表找正芯棒和机床主轴轴线的重合位置，使小孔孔位处于正确的位置上。

3. 坐标磨削的方法

在坐标磨床上进行坐标磨削加工的基本方法有以下几种。

（1）内孔磨削。

利用砂轮的高速自转、行星运动和轴向的直线往复运动，即可完成内孔的磨削，如图2—23所示。内孔磨削时，由于砂轮的直径受到孔径大小的限制，磨小孔时多取砂轮直径为孔径的3/4左右。砂轮高速回转（主运动）的线速度一般不超过35 m/s，行星运动（圆周进给）的速度大约是主运动线速度的0.15倍。慢的行星运动速度将减小磨削量，但对加工表面的质量有好处。

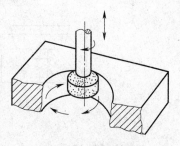

图2—23　内孔磨削

砂轮的轴向往复运动（轴向进给）的速度与磨削的精度有关；粗磨时行星运动每转一周，往复行程的移动距离略小于砂轮高度的两倍，精磨时应小于砂轮的高度。尤其在精加工结束时要用很低的行程速度。

（2）外圆磨削

外圆磨削也是利用砂轮的高速自转、行星运动和轴向直线往复运动实现的。其径向进给量是利用行星运动直径的缩小完成的。

（3）锥孔磨削

磨削锥孔如图2—24所示，是由机床上的专门机构使砂轮在轴向进给的同时连续改变行星运动的半径。锥孔的锥顶角大小取决于两者的变化比值，一般磨削锥孔的最大锥顶角为12°。磨削锥孔的砂轮应当修正出相应的锥角。

（4）直线磨削

磨削直线时，砂轮仅高速自转而不做行星运动，用工作台实现进给运动。直线磨削适用于平面轮廓的精密加工，如图2—25所示。

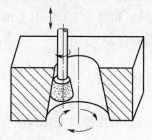

图2—24　锥孔磨削

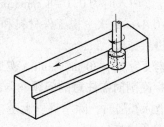

图2—25　直线磨削

（5）侧磨

侧磨主要是对槽形、方形及带清角的内表面进行磨削加工。它是要用专门的磨槽附件进行，砂轮在磨槽附件上的装夹和运动情况如图2—26所示。

（6）型腔的磨削（见图2—27）

砂轮修成所需的形状，加工时工件固定不动，主轴高速旋转做行星运动，并逐渐向下走刀。这种运动方式也称为径向连续切入，径向是指砂轮沿工件的孔的半径方向做少量的进给，连续切入是指砂轮不断地向下走刀。

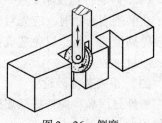

图2—26　侧磨

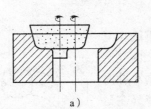 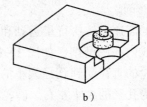

a)　　　　　　　　　　　　　　　b)

图 2—27　型腔磨削

（7）连续轨迹磨削

二维轮廓磨削是采用圆柱或成形砂轮，工件在 X、Y 平面做插补运动，主轴逐渐向下走刀，如图 2—28 所示。三维轮廓磨削是采用圆柱或成形砂轮，砂轮运动方式与数控铣削相同，如图 2—29 所示。

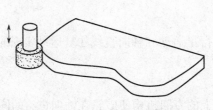 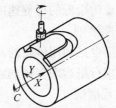

图 2—28　二维轮廓磨削　　　　　　　图 2—29　三维轮廓磨削

4. 数控坐标磨削的主要工艺参数

（1）磨削余量

单边余量为 0.05～0.3 mm，视前道工序可保证的形位公差和热处理情况而定。

（2）进给量

径向连续切入时为 0.1～1 mm/min；轮廓磨削时，始磨为 0.03～0.1 mm/次，终磨为 0.004～0.1 mm/次。视工件材料和砂轮性能而定。

（3）进给速度

进给速度为 10～30 mm/min。视工件材料和砂轮性能而定。

5. 坐标磨削时需注意的问题

进行坐标磨削时，除掌握以上基本知识和技术外还应注意以下几方面问题。

（1）安全检查

在磨削前对坐标磨床要进行一系列的安全检查，如检查砂轮轴的强度是否足够、安装是否合适、主轴轴承的配合间隙是否适当、砂轮的高度是否合适、安全罩是否牢固可靠等。

（2）砂轮行程控制

在磨削刚开始时，应先对砂轮的上下往复行程进行试调，即切入和切出行程不应超过砂轮高度的一半，以免造成被磨削孔的口缘直径扩大。调试合适后再进行磨削，以免造成质量事故。

（3）正确选择砂轮

工件硬度高，应选择软质砂轮；工件硬度低，应选择硬质砂轮。不同的材料选择不同材质的砂轮。

六、冲压模具零件的电火花线切割加工

电火花线切割加工是利用工具电极和工件电极之间不断产生脉冲性的火花放电，靠放电时局部、瞬时产生的高温把金属蚀除下来，以使零件的尺寸、形状和表面质量达到预定要求的加工方法。电火花线切割利用移动的细金属导线（铜丝或钼丝）为工具电极。根据电极丝的运行速度，电火花线切割机床分为两大类：一类为高速走丝电火花线切割机床（WEDM – HS），这类机床的电极丝做高速往复运动，一般走丝速度为 $8 \sim 10\ m/s$，是我国独创的电火花线切割加工模式；另一类为低速走丝（或称慢走丝）电火花线切割机床（WEDM – LS），电极丝做低速单向运动，一般走丝速度低于 $0.2\ m/s$。

1. 线切割加工的特点和应用范围

如图 2—30 所示为高速走丝电火花线切割原理。利用细钼丝 4 作工具电极进行切割，储丝筒 7 使钼丝做正反向交替移动，加工能源由脉冲电源 3 供给。在电极丝和工件之间浇注工作液介质，工作台在水平面两个坐标方向各自按预定的控制程序，根据火花间隙状态做伺服进给移动，从而合成各种曲线轨迹，把工件切割成形。电火花线切割机床现在都采用数字程序控制。

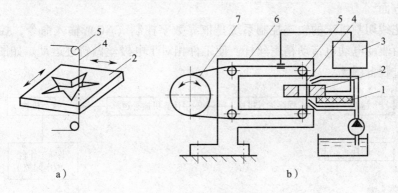

图 2—30　电火花线切割原理

1—绝缘底板　2—工件　3—脉冲电源　4—钼丝 5—导向轮　6—支架　7—储丝筒

（1）线切割加工的特点

1）线切割加工可以加工一切导电材料。

2）用简单丝状工具电极，靠数控技术实现复杂的切割轨迹。

3）电极丝比较细，可以加工微细异形孔、窄缝和复杂形状的工件。

4）采用移动的长电极丝进行加工，单位长度电极丝的损耗较少，从而对加工精度的影响比较小，特别在低速走丝线切割加工时，电极丝一次性使用，电极丝损耗对加工精度的影响更小。

（2）线切割加工的应用范围

1）加工模具。适用于各种形状的冲压模具和直通的模具型腔。调整不同的间隙补偿量，只需一次编程就可以切割凸模、凸模固定板、凹模及卸料板等。模具配合间隙、加工精度通常都能达到 $0.01 \sim 0.02\ mm$（快走丝）和 $0.002 \sim 0.005\ mm$（慢走丝）的

要求。

2）加工电火花成形用的电极。电火花穿孔加工用的电极和带锥度型腔加工用的电极，以及铜钨、银钨合金之类的电极材料，用线切割加工特别经济。

3）加工试制新产品的零件。用线切割在坯料上直接割出零件，例如，试制切割特殊微电动机硅钢片定、转子铁芯，由于不需另行制造模具，可大大缩短制造周期、降低成本。在零件制造方面，可用于加工品种多、数量少、特殊难加工材料的零件。如材料试验样件，各种型孔、型面、特殊齿轮、凸轮、样板、成型刀具等。

2. 数控电火花线切割控制系统及编程方法

（1）数控电火花线切割控制系统

控制系统在电火花线切割加工过程中有如下主要作用：一是按加工要求自动控制电极丝相对工件的运动轨迹；二是自动控制伺服进给速度，来实现对工件的形状和尺寸加工。

电火花线切割机床控制系统的具体功能如下。

1）轨迹控制。精确控制电极丝相对于工件的运动轨迹，以获得所需的形状和尺寸。

2）加工控制。加工控制包括对伺服进给速度、电源装置、走丝机构、工作液系统以及其他的机床操作控制。此外，断电记忆、故障报警、安全控制及自诊断功能也是一个重要的方面。

电火花线切割机床的轨迹控制系统是依靠数字控制（NC）输入命令，控制驱动电动机，并由驱动电动机带动精密丝杆，使工件相对于电极丝做轨迹运动。如图2—31所示为控制过程框图。

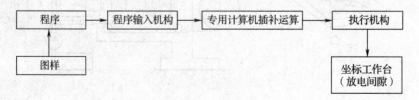

图2—31　数字程序控制过程

（2）轨迹控制原理

常见的工程图形都可分解为直线和圆弧或其组合。用数字控制技术来控制直线和圆弧轨迹的方法，线切割大多采用简单易行的逐点比较法。此法的线切割数控系统，X、Y两个方向不能同时进给，只能按直线的斜度或圆弧的曲率来交替地一步一个微米地分步"插补"进给。采用逐点比较法时，X或Y每进给一步，插补的过程都要进行四个工作节拍（见图2—32）。

1）偏差判别。判别加工坐标点对规定几何轨迹的偏离位置，以决定拖板的走向。一般用F代表偏差值。$F=0$，表示加工点恰好在线（轨迹）上；$F>0$，表示加工点在线的上方或左方；$F<0$，表示加工点在线的下方或右方，以此来决定第二拍进给的轴向和方向。

2）进给。根据F值控制坐标工作台沿$+X$或$-X$向；$+Y$或$-Y$向进给。加工点向规定的轨迹靠拢，缩小偏差。

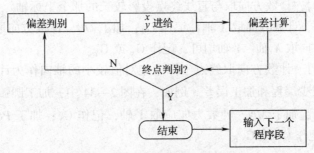

图 2—32　插补过程的工作节拍

3）偏差计算。由机床数控装置根据数控程序计算出新的加工点与规定图形轨迹之间的偏差，作为下一步判别走向的依据。

4）终点判断。根据计数长度判断是否到达程序规定的加工终点。若到达终点，则停止插补和进给，结束该段程序，进入下一个新程序段；否则再回到第一拍。如此不断地重复上述循环过程，就能加工出所要求的轨迹和轮廓形状。

为了使一条线段加工到终点时能自动结束加工，数控线切割机床是通过控制线段从起点加工到终点时，工作台在 X 或 Y 方向上的进给总长度来进行终点判断的。为此，在数控装置中设立了一个计数器来进行计数。在加工前将 X 或 Y 方向上进给的总长度存入计数器，加工过程中工作台在计数方向上每进给一步，计数器就减去 1，当计数器中存入的数值被减到零时，表示已切割到终点，加工结束。

3. 数控电火花线切割编程方法

线切割机床的控制系统是按照人的"命令"去控制机床加工的。因此，必须事先把要切割的图形，用机器所能接受的"语言"编排好"命令"，并告诉控制系统。这项工作叫作数控线切割编程。为了便于机器接受"命令"，必须按照一定的格式来编制线切割机床的数控程序。目前，高速走丝线切割机床一般采用 3B 格式，而低速走丝线切割机床通常采用国际上通用的 ISO（国际标准化组织）或 EIA（美国电子工业协会）格式。

（1）3B 格式程序编制（见表 2—12）

表 2—12　　　　　　　　　　　　3B 程序格式

N	B	x	B	y	B	J	G	z
序号	分隔符	x 轴坐标值	分隔符	y 轴坐标值	分隔符	计数长度	计数方向	加工指令

1）平面坐标系和坐标值 x、y 的确定。平面坐标系是这样规定的：面对机床工作台，工作台平面为坐标平面；左右方向为 x 轴，且向左为正；前后方向为 y 轴，且向前为正。

坐标系的原点随程序段的不同而变化：加工直线时，以该直线的起点为坐标系的原点，把直线终点的坐标值作为 x、y，均取绝对值，单位为 μm；加工圆弧时，以该圆弧的圆心为坐标系的原点，圆弧起点的坐标值作为 x、y，均取绝对值，单位为 μm。

2）计数方向 G 的确定。不管是加工直线还是圆弧，计数方向均按终点的位置来确定。具体确定的原则如下。

①加工直线时，计数方向取与直线终点投影较长的那个坐标轴。例如，在图 2—33 中，加工直线 OA，计数方向取 X 轴，记作 G_X；加工 OB，计数方向取 Y 轴，记作 G_Y；加工 OC，计数方向取 X 轴、Y 轴均可，记作 G_X 或 G_Y。

②加工圆弧时，计数方向取终点坐标中绝对值较小的轴向作为计数方向（与直线相反），目的是减少编程和加工误差。例如，在图 2—34 中，加工圆弧 $\overset{\frown}{AB}$，计数方向应取 X 轴，记作 G_X，加工 $\overset{\frown}{MN}$，计数方向应取 Y 轴，记作 G_Y；加工 $\overset{\frown}{PQ}$，计数方向取 X 轴、Y 轴均可，记作 G_X 或 G_Y。

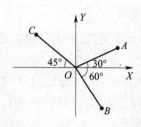

图 2—33　直线计数方向确定

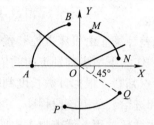

图 2—34　圆弧计数方向确定

3）计数长度 J 的确定。计数长度是在计数方向的基础上确定，是被加工的直线或圆弧在计数方向的坐标轴上投影的绝对值总和，单位为 μm。注意圆弧可能跨几个象限，要正确求出所有在计数方向上的投影总和，如图 2—35 所示。

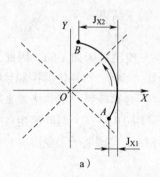

图 2—35　计数长度计算

a）取 G_X 为计数方向，计数长度为 $J = J_{X1} + J_{X2}$　b）取 G_Y 为计数方向，计数长度为 $J = J_{Y1} + J_{Y2} + J_{Y3}$

4）加工指令。直线（包括与坐标轴重合的直线）的加工指令有 4 种，如图 2—36 所示。圆弧的加工指令有 8 种，包括顺时针切割（顺圆）$SR_1 \sim SR_4$，逆时针切割（逆圆）$NR_1 \sim NR_4$，如图 2—37 所示。

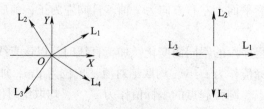

图 2—36　直线加工指令

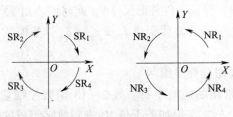

图 2—37　圆弧加工指令

5）切割轨迹偏移距离 f。数控线切割加工时，控制系统所控制程序轨迹实际是电极丝中心移动的轨迹，如图 2—38 中虚线所示。加工凸模时，电极丝中心轨迹应在所加工图形的外侧；加工凹模型孔时，电极丝中心轨迹应在所加工图形的内侧。所加工工件图形与电极丝中心轨迹间的距离，在圆弧的半径方向、在线段的垂直方向都应考虑一个偏移距离 f。偏移距离有正偏移和负偏移。

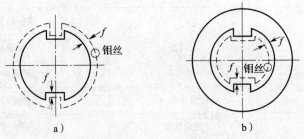

图 2—38　电极丝中心轨迹
a）凸模　b）凹模

切割轨迹偏移距离的正负可根据在电极丝中心轨迹图形中圆弧半径及直线段法线长度的变化情况来确定（见图 2—39）。$\pm f$ 对圆弧是用于修正圆弧半径，对直线段是用于修正其法线长度 p。对于圆弧，当考虑电极丝中心轨迹后，其圆弧半径比原图形半径增大时取 $+f$，减小时取 $-f$；对于直线段，当考虑电极丝中心轨迹后，使该直线段的法线长度 p 增加时取 $+f$，减小时则取 $-f$。

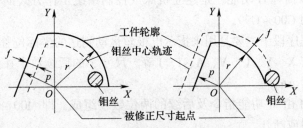

图 2—39　间隙补偿量的符号判别

6）偏移距离 f 的计算。加工冲模的凸、凹模，应该考虑电极丝半径 $r_丝$、电极丝和工件之间的单面放电间隙 $\delta_电$ 及凸模和凹模间的单面配合间隙 $\delta_配$。

当加工冲孔模时（要求保证工件孔的尺寸），凸模尺寸由孔的尺寸确定。若凸模和凹模基本尺寸相同，故凸模的偏移距离 $f_凸 = r_丝 + \delta_电$，凹模的偏移距离 $f_凹 = r_丝 + \delta_电 + \delta_配$。

当加工落料模时（要求保证工件外形尺寸），此时凹模由工件外形尺寸确定，若凹模和凸模基本尺寸相同，故凹模的偏移距离 $f_凹 = r_丝 + \delta_电$，凸模的偏移距离 $f_凸 = r_丝 + \delta_电 - \delta_配$。

（2）ISO 代码数控线切割程序编制

1）ISO 代码编程时常用的地址字符。表 2—13 是数控线切割机床编程常用的地址字符表，一般都是由一个英文字母加若干位 10 进制数字组成的（如 X8000），不同的地址字符表示的功能不同。

表 2—13　　　　　　　　　　　　　　地址字符表

地址	功能	含义
N	顺序号	程序段号
G	准备功能	指令动作方式
X，Y，Z	尺寸字	坐标轴移动指令
A，B，C，U，V		附加轴移动指令
I，J，K		圆弧中心坐标
W，H，S	锥度参数字	锥度参数指令
F	进给速度	进给速度指令
T	刀具功能	刀具编号指令
M	辅助功能	机床开/关及程序调用指令
D	补偿字	间隙及电极丝补偿指令

①顺序号 N 位于程序段之首，表示程序段的序号，后续数字 2 ~ 4 位。如 N03，N0020。

②准备功能 G 简称 G 功能，是建立机床或控制系统工作方式的一种指令，其后续有两位正整数，即 G00 ~ G99。

③尺寸字在程序段中主要是用来指示电极丝运动到达的坐标位置。电火花线切割加工常用的尺寸字有 X、Y、U、V、A、I、J 等。尺寸字的后续数字在要求代数符号时应加正负号，单位为 μm。

④辅助功能 M 由 M 功能指令及后续的两位数字组成，即 M00 ~ M99，用来指令机床辅助装置的接通或断开。

2）ISO 代码程序段的格式。线切割加工时，采用 ISO 代码程序段的格式为：

N＿＿＿ G＿＿＿ X＿＿＿ Y＿＿＿

一个完整的加工程序是由程序名、程序的主体和程序结束指示组成，如

W10

N01　　　G92　　X0　　　　　　　Y0

N02　　　G01　　X5000　　　　Y5000

N03	G01	X2500	Y5000
N04	G01	X2500	Y2500
N05	G01	X0	Y0
N06	M02		

　　程序名由文件名和扩展名组成。程序的文件名可以用字母和数字表示，最多可用 8 个字符，如 W10，但文件名不能重复。扩展名最多用 3 个字母表示，如 W10. CUT。

　　程序的主体由若干程序段组成，如上面加工程序中 N01 ~ N05 段。在程序的主体中又可分为主程序和子程序。将一段重复出现的、单独组成的程序，称为子程序。子程序取出命名后单独储存，即可重复调用。子程序常应用在某个工件上有几个相同型面的加工中。调用子程序所用的程序，称为主程序。

　　程序结束指令 M02，该指令安排在程序的最后，单列一段。当数控系统执行到 M02 程序段时，就会自动停止进给并使数控系统复位。

　　3）ISO 代码及其编程。表 2—14 是电火花线切割数控机床常用 ISO 代码。

表 2—14　　　　　　　　　　电火花线切割数控机床常用 ISO 代码

代码	功能	代码	功能
G00	快速定位	G55	加工坐标系 2
G01	直线插补	G56	加工坐标系 3
G02	顺圆插补	G57	加工坐标系 4
G03	逆圆插补	G58	加工坐标系 5
G05	X 轴镜像	G59	加工坐标系 6
G06	Y 轴镜像	G80	接触感知
G07	X、Y 轴交换	G82	半程移动
G08	X 轴镜像，Y 轴镜像	G84	微弱放电找正
G09	X 轴镜像，X、Y 轴交换	G90	绝对尺寸
G10	Y 轴镜像，X、Y 轴交换	G91	增量尺寸
G11	Y 轴镜像，X 轴镜像，X、Y 轴交换	G92	定起点
G12	消除镜像	M00	程序暂停
G40	取消偏移补偿	M02	程序结束
G41	左偏移补偿	M05	接触感知解除
G42	右偏移补偿	M96	主程序调用文件程序
G50	消除锥度	M97	主程序调用文件结束
G51	锥度左偏	W	下导轮到工作台面高度
G52	锥度右偏	H	工件厚度
G54	加工坐标系 1	S	工作台面到上导轮高度

①快速定位指令 G00。在机床不加工状况下，G00 指令可使指定的某轴以最快的速度移动到指定的位置。其程序段格式为：

G00　X＿＿＿Y＿＿＿

例如，图 2—40 中快速定位到线段终点的程序段格式为：

G00　X60000　Y80000

②直线插补指令 G01。该指令可使机床在各个坐标平面内加工任意斜率直线轮廓和用直线段逼近曲线轮廓，其程序段格式为：

G01　X＿＿＿Y＿＿＿

例如，图 2—41 中直线插补的程序段格式为：

G92　X20000　　　Y20000

G01　X60000　　　Y80000

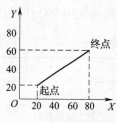

图 2—40　快速定位

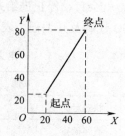

图 2—41　直线插补

③圆弧插补指令 G02，G03

G02 为顺时针插补圆弧指令，G03 为逆时针插补圆弧指令。用圆弧插补指令编写的程序段格式为：

G02　X＿＿＿Y＿＿＿I＿＿＿J＿＿＿

G03　X＿＿＿Y＿＿＿I＿＿＿J＿＿＿

程序段中：X、Y 分别表示圆弧终点坐标；I、J 分别表示圆弧的圆心相对于圆弧起点在 X、Y 方向的增量值，与正方向相同，取正值，反之取负值。

例如，图 2—42 中圆弧插补的程序段格式为：

G92　X10000　　Y10000　　　　　　　　　　起切点 A

G02　X30000　Y30000　　I20000　J0　　　弧 AB

G03　X45000　Y15000　　I15000　J0　　　弧 BC

④指令 G90、G91、G92。G90 为绝对尺寸指令，表示该程序段中的编程尺寸是按绝对尺寸给定的，即移动指令终点坐标值 X、Y 都是以工件坐标系原点（程序的零点）为基准来计算的。

G91 为增量尺寸指令。该指令表示程序段中的编程尺寸是按增量尺寸给定的，即坐标值均以前一个坐标位置作为起点来计算下一点位置值。3B 程序格式均按此方法计算坐标点。

G92 为定起点坐标指令。G92 指令中的坐标值为加工程序的起点的坐标值，如图

2—43 中所示的 A 点，其程序段格式为：

G92　X ＿＿＿　Y ＿＿＿

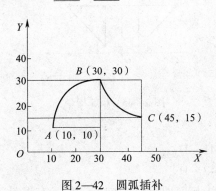

图 2—42　圆弧插补　　　　　　　　　图 2—43　零件

例如，加工图 2—43 中的零件，用 G90 指令和 G91 指令，按图样尺寸编程：

W01			程序名
N01	G92	X0	Y0；	定加工程序起点 O
N02	G90G01	X10000	Y0；	$O{\rightarrow}A$ 按绝对尺寸指令
N03	G01	X10000	Y20000；	$A{\rightarrow}B$
N04	G02	X40000	Y20000 I15000 J0；	$B{\rightarrow}C$
N05	G01	X30000	Y0；	$C{\rightarrow}D$
N06	G01	X0	Y0；	$D{\rightarrow}O$
N07	M02			程序结束
W02			程序名
N01	G92	X0	Y0；	
N02	G91；			按增量尺寸指令
N03	G01	X10000	Y0；	
N04	G01	X0	Y20000；	
N05	G02	X30000	Y0 I15000 J0；	
N06	G01	X－10000	Y－20000；	
N07	G01	X－30000	Y0；	
N08	M02			

⑤镜像及交换指令 G05、G06、G07、G08、G10、G11、G12。

G05 为 X 轴镜像，函数关系式：$X = - X$

G06 为 Y 轴镜像，函数关系式：$Y = - Y$

在图 2—44 中，直线 OA 对 X 轴镜像为 OA''，对 Y 轴镜像 OA'。在加工模具零件时，常遇到所加工零件上的图形是对称的（如多孔凹模）。例如，编制图 2—45 中的 ABC 和 $A'B'C'$ 的加工程序时，可以先编制其中一个，然后通过镜像交换指令即可加工。

G12 为消除镜像指令。凡有镜像交换指令的程序，都需用 G12 作为该程序的消除指令。其他镜像及其交换指令功能见表 2—14。

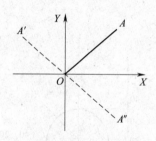

图 2—44 X 轴、Y 轴镜像

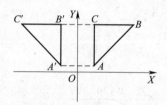

图 2—45 G05 指令

⑥偏移补偿指令 G40、G41、G42。

G41 为左偏补偿指令，其程序段格式为：G41 D____

G42 为右偏补偿指令，其程序段格式为：G42 D____

程序段中的 D 表示偏移补偿量，其计算方法与前面方法相同。左偏、右偏是沿加工方向看，电极丝在加工图形左边为左偏；电极丝在右边为右偏，如图 2—46 所示。G40 为取消偏移补偿指令。

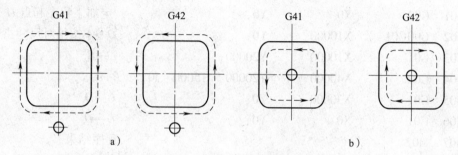

图 2—46 偏移补偿指令

a) 凸模加工 b) 凹模加工

（3）编程实例

如图 2—47 所示为一落料凹模的线切割加工轨迹，若电极丝直径为 0.16 mm，单边放电间隙为 0.01 mm，试用 ISO 代码和 3B 代码编制其加工程序。

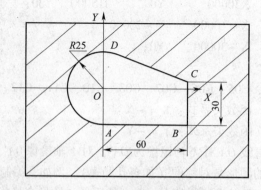

图 2—47 凹模线切割加工轨迹

1）建立坐标系并按图样尺寸计算轮廓交、切点坐标，圆心坐标；D 点坐标（AD 弧与直线 CD 的切点）计算为：（8.456，23.526）。

2）计算偏移距离：$f_凹 = r + \delta = 0.16/2 + 0.01 = 0.09$ mm。

选 O 点为加工起点（穿丝孔在该处），其加工顺序为：$O \rightarrow A \rightarrow B \rightarrow C \rightarrow D \rightarrow A \rightarrow O$。

3）ISO 代码编程加工程序：

W01		程序名
G92 X0	Y0;	定起点
G41 D90;		确定偏移，应放于切入线之前
G01 X0	Y – 25000;	$O \rightarrow A$
G01 X60000	Y – 25000;	$A \rightarrow B$
G01 X60000	Y5000;	$B \rightarrow C$
G01 X8456	Y23526;	$C \rightarrow D$
G03 X0	Y – 25000 I8456 J23526;	$D \rightarrow A$
G40 :		放于退出线之前
G01 X0	Y0;	回到起切点
M02		程序结束

4）3B 代码编程加工程序见表 2—15。

表 2—15　　　　　　　　　　　　　3B 代码编程加工程序

程序	B	x	B	y	B	J	G	Z	备注
1	B		B		B	25000	G_Y	L_3	直线 OA
2	B		B		B	60000	G_X	L_1	直线 AB
3	B		B		B	30000	G_Y	L_2	直线 BC
4	B	8456	B	23526	B	51544	G_X	L_2	直线 CD
5	B	8456	B	23526	B	58456	G_X	NR_1	圆弧 $\overset{\frown}{DA}$
6	B		B		B	25000	G_Y	L_2	直线 AO
7								D	

4. 数控线切割加工

（1）电火花线切割加工的步骤及要求

电火花线切割加工是实现工件形状和尺寸加工的一种技术。在一定设备条件下，合理地制定加工工艺路线是保证工件加工质量的重要条件。

电火花线切割加工模具或零件的过程一般可分以下几个步骤。

1）对图样进行分析。分析要排除不能或不宜用电火花线切割加工的工件，

①表面粗糙度和尺寸精度超出机床加工精度的工件，合理的加工精度为 IT6，表面粗糙度 Ra 为 0.4 μm，若超过此范围，既不经济，技术上也难以达到。

②小于电极丝直径加放电间隙窄缝、图形内拐角处半径小于电极丝半径加放电间隙所形成的圆角的工件。

③非导电材料。

④长度、宽度和厚度超过机床加工范围的零件。

2）编程

①合理选择穿丝孔位置和切割起点位置。

②根据工件表面粗糙度和尺寸精度选择切割次数。

③选用合理的加工电参数。

④计算和编写正确的加工用程序。

⑤校对程序并试加工。

3）加工时的调整

①调整电极丝垂直度。在装夹工件前必须以工作台为基准，先将电极丝垂直度调整好。

②装夹调整好工件的垂直度和基准面，如发现不垂直，说明工件装夹时可能有翘起或低头，需立即修正。校正好工件基准面，找出工件基准位置到穿丝孔并穿丝。

③调整脉冲电源的电参数。电参数选择是否恰当，对加工模具的表面粗糙度、精度及切割速度起着决定的作用。表面粗糙度、精度要求低的可用大电流、大参数一次加工；反之则要多次加工，要求越高，切割次数就越多。

4）检验。检验模具的尺寸精度和配合间隙。

（2）线切割常用夹具及工件的正确装夹方法

1）线切割常用的夹具。工件装夹的形式对加工精度有直接影响。电火花线切割加工机床的夹具比较简单，一般是在通用夹具上采用压板、螺栓固定（双丝压板）工件，如图2—48所示。

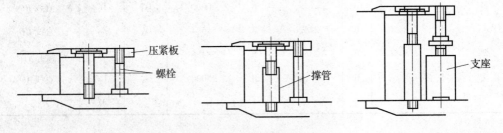

图2—48　可加长双丝压板

由于电火花线切割机床主要用于切割冲压模具的型孔，因此机床出厂时，通常机床附件中已提供一对夹持板形工件的夹具（压板、紧固螺栓等）。压板夹具主要用于固定平板状的工件，对于稍大的工件要成对使用。夹具上如有定位基准面，则在加工前应预先用百分表将夹具定位基准面与工作台对应的导轨校正平行，这样在加工批量工件时较方便。夹具的基准面与夹具底面的距离是有要求的，夹具成对使用时，两件基准面的高度一定要相等，否则切割出的型腔与工件端面不垂直，会造成废品。

为了适应各种形状工件加工的需要，还可使用磁性夹具、分度夹具或专用夹具等。压板夹具应定期修磨基准面，保持两件夹具的等高性。夹具的绝缘性也应经常检查和测试，当绝缘体受损造成绝缘电阻减小时，会影响正常的切割。

另外还可采用精密虎钳和3R等工艺基准定位系统夹持工件。

2）工件装夹时的一般要求

①工件的基准面应清洁无毛刺。经热处理的工件，在穿丝孔内及扩孔的台阶处，要清除热处理残余物及氧化皮。

②夹具应具有必要的精度，将其稳固地固定在工作台上，拧紧螺栓时用力要均匀。

③工件装夹的位置应有利于工件找正，并应与机床行程相适应，工作台移动时工件不得与 Z 轴相碰。

④对工件的夹紧力要均匀，不得使工件变形或翘起。

⑤大批零件加工时最好采用专用夹具，以提高生产效率。

⑥细小、精密、薄壁的工件应固定在不易变形的辅助夹具上。

3）工件的正确装夹方法。采用适当的夹具，可使编程简化，或可用一般编程方法使加工范围扩大。如用固定分度夹具，用几条程序就可以加工零件的多个旋转图形，这就简化了编程工作；再如用自动回转夹具，变原来的直角坐标系为极坐标系，可用切斜线的程序加工出正确的阿基米德螺旋面；还可以用适当的夹具加工出车刀的立体角、导轮的沟槽、样板的椭圆线和双曲线等。这就扩大了线切割机床的使用范围。

4）工件的找正

①当线切割型孔位置与外形要求不严，但与工件上其他工艺已成型的型腔位置要求严时，可靠紧基面后按已成型孔找正。

②线切割加工的工件较大，但切割型孔总的行程未超过机床行程，又要求按外形找正时，可按外形尺寸做出基准孔，线切割时按基面靠正后，再按基准孔定位。

③当线切割型孔位置与外形要求较严时，可按外形尺寸来定位。此时最少要磨出侧垂直基面，有的甚至要磨六面。圆形工件通常要求圆柱面和端面垂直，这样靠圆柱面即可定位。

5）常见线切割工件的变形。有些工件切割后，尺寸总是出现明显偏差，检查机床精度、数控加工的硬件和程序都正常，最后才发现是工件变形引起的，如图 2—49 所示。

①切缝闭合变形。切割图 2—49a 所示的凸模，从坯料外切入后，经 A 点，按顺时针方向再回到 A 点。在切完 $\overset{\frown}{EF}$ 圆弧的大部分后，BC 切缝明显变小甚至闭合，当继续切割至 A 点时，凸模上 FA 与 BC 间平行的尺寸增大了一个等于切缝宽度的尺寸。由于从坯料外直接切入切割凸模时，因材料应力不平衡产生变形，如张口或闭口变形，以致影响工件加工精度。消除这种变形的方法是：在切割凸模时，不得将凸模外形工艺余料割断，应在凸模外形的坯料上钻出切割起点的穿丝孔进行封闭切割。

②切缝张开变形。如图 2—49b 所示，该凸模也是从坯料外切入，此图形没有较大的圆弧段，变形时切缝不是闭合，而是张开。继续切割 FG 段时，凸模上的 AB 和 FG 间平行尺寸受到影响。有时不便于钻凸模外形起点穿丝孔，可以改变切割路线及夹压位置，就可减小或避免变形对切割工件尺寸精度的影响。如图 2—49b 中的凸模，若把切割路线改为 A—K—J—I，按逆时针方向由 B→A，由于夹压工件的位置在最后一条程序处，所以在切割过程中产生的变形不至于影响凸模的尺寸精度。

③未淬火件张口变形。如图2—49c 所示为未经淬火的工件，切割后在开口处张开，使开口尺寸增大。解决办法：用多次切割，第一次切割放一定余量，以便材料应力变形释放，再精加工切割。或采用分段切割。

④淬火工件切割后开口变小。如图2—49d 所示为切割经过淬火的材料，切割后开口部位的尺寸变小。解决办法：用多次切割，第一次切割放一定余量，以便材料应力变形，再精加工。或采用分段切割。

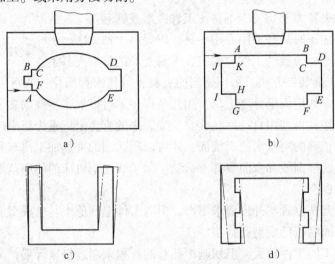

图2—49　工件变形

a）切缝闭合变形　b）切缝张开变形

c）未淬火件张口变形　d）淬火工件切割后开口变小

（3）线电极的选择

1）加工工件厚度与线径。线切割加工时，线电极的切缝宽度为线电极的直径加上两倍的加工放电间隙尺寸。在加工内角时，根部的 R 值为切缝宽的1/2，为使 R 减小，则应采用细的线电极。但是，直径细的线电极因通电电流客观存在受到一定限制，则对提高加工速度不利。因此，应按不同板厚选择适当的线径。

选择线径的顺序如下：加工板厚→所需要的拐角 R 大小→加工速度。在可满足内拐角 R 值的精加工的情况下，应尽量优先考虑加工速度，因为这样选择有利于达到高效的加工。

2）电极材质和加工速度。电极的材质对加工速度产生较大影响。最能提高加工速度的是导电性好的铜或在黄铜丝上涂覆能提高放电性能的锌复合丝，这种材料的电极丝曾使加工速度提高30%。但为取得这一效果，不仅要使用大电流加工，还必须使用高压冲液改善加工间隙条件。与硬质材料的电极丝相比，这种电极丝材料相对抗拉强度较低，加工厚度大的工件或中空工件时，较容易断丝。因此，为了兼顾加工精度或不同加工形状的工件，以分别采用硬质黄铜材料的电极丝或钢芯材料的复合电极丝为宜。

3）电极直径与加工速度。不同线径的线电极加工电流的承受力有很大差异。线径越大，越有利于提高加工速度。由于存在拐角 R 和加工表面粗糙度的关系，使得使用的线径受到一定限制。一般情况下，板厚的工件，在进行一次切割（粗切）时，最好使用直径大的电极丝。

4）加工精度。线切割加工时，因受线径的影响，使加工的最小拐角 R 受到一定限制。R 小时必须采用细丝。一般要求采用与内角 R 相应直径的线电极。加工时电极半径接近 R 时放电间隙很小，放电的稳定性就会降低，这不仅对加工速度不利，还难以获得良好的加工精度和表面粗糙度。众所周知，线切割的加工精度受到加工稳定性的影响，尤其对鼓状变形的影响最大，所以应选取兼顾拐角 R 和加上稳定性的电极丝线径。

七、光整加工

模具的光整加工常用的方法为研磨与抛光，它是以降低零件表面粗糙度、提高表面形状精度和增加表面光泽为主要目的，一般用于产品、零件的最终加工。

现代模具成形表面的精度和表面粗糙度要求越来越高，特别是高精度、高寿命的模具要求到微米级的精度。采用一般的磨削工艺表面不可避免要留下磨痕、微裂纹等缺陷，这些缺陷对模具的精度影响很大。要消除这些缺陷，其成形表面可采用超精密磨削加工达到设计要求，但大多数异型和高精度表面都采用研磨与抛光加工。

对冲压模具来讲，模具经研磨与抛光后，改善了模具的表面粗糙度，减小了流动阻力，利于材料的流动，极大地提高了成形零件的表面质量，特别是对于汽车外覆盖件尤为明显。经研磨刃口后的冲裁模具，可消除模具刃口的磨削伤痕，使冲裁件毛刺高度减少。

1. 研磨

研磨是一种借助于研具与研磨剂（一种游离的磨料）的微量加工工艺方法。研磨时在工件的被加工表面和研具之间上产生相对运动，并施以一定的压力，从工件上去除微小的表面凸起层，以获得很低的表面粗糙度和很高的尺寸精度、几何形状精度等。

（1）研磨的基本原理

1）物理作用。当研具和工件在压力作用下做相对运动时，研磨剂中具有尖锐棱角和高硬度的微粒，有些会被压嵌入研具表面产生切削作用，并均匀地从工件表面切去一层极薄的金属。同时，钝化了的磨粒在研磨压力的作用下，通过挤压被加工表面的峰点，使被加工表面产生微挤压塑性变形，使工件逐渐得到高的尺寸精度和低的表面粗糙度，如图 2—50 所示为研磨加工模型。

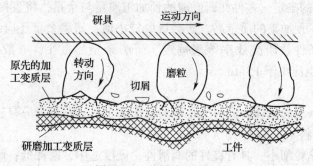

图2—50　研磨加工模型

2）化学作用。当采用氧化铬、硬脂酸等研磨剂时，在研磨过程中研磨剂和工件的被加工表面上产生化学作用，生成一层极薄的氧化膜，氧化膜很容易被磨掉。研磨的过程就是氧化膜不断生成和擦除的过程，如此多次循环反复，使被加工表面的粗糙度降低。

（2）研磨的应用特点

1）表面粗糙度低。研磨属于微量进给磨削，切削深度小，有利于降低工件表面粗糙度值。加工表面粗糙度 Ra 可达 0.01 μm。

2）尺寸精度高。研磨采用极细的微粉磨料，机床、研具和工件处于弹性浮动工作状态，在低速、低压作用下，逐次磨去被加工表面的凸峰点，加工精度可达 0.1 ~ 0.01 μm。

3）形状精度高。研磨时，工件基本处于自由状态，受力均匀，运动平稳，且运动精度不影响形位精度。加工圆柱体的圆柱度可达 0.1 μm。

4）改善工件表面力学性能。研磨的切削热量小，工件变形小，变质层薄，表面不会出现微裂纹。同时能降低表面摩擦因数，提高耐磨和耐腐蚀性。研磨零件表层存在残余压应力，这种应力有利于提高工件表面的疲劳强度。

（3）研磨的分类

1）按研磨工艺的自动化程度分为手动研磨、半机械研磨、机械研磨。

2）按研磨剂的使用条件分为湿研磨、干研磨、半干研磨。

2. 研磨工艺

（1）研磨工艺参数

1）研磨压力。研磨压力是研磨时零件表面单位面积上所承受的压力（MPa）。手工研磨时的研磨压力为 0.01 ~ 0.2 MPa；精研时的研磨压力为 0.01 ~ 0.05 MPa；机械研磨时，压力一般为 0.01 ~ 0.3 MPa。当研磨压力在 0.04 ~ 0.2 MPa 范围内时，对降低工件表面粗糙度收效显著。

2）研磨速度。研磨速度是影响研磨质量和效率的重要因素之一。研磨速度过高时，会产生较高的热量，甚至会烧伤工件表面，使研具磨损加剧，从而影响加工精度。一般粗研磨时，宜用较高的压力和较低的速度；精研磨时则用较低的压力和较高的速度。这样可提高生产效率和加工表面质量。

一般研磨速度应在 10 ~ 150 m/min 范围内选择，精研速度应在 30 m/min 以下。

3）研磨余量的确定。零件在研磨前的预加工质量与余量，将直接影响到研磨加工时的精度与质量。预加工的质量高，研磨量取较小值。研磨余量还应结合工件的材质、尺寸精度、工艺条件及研磨效率等来确定。研磨余量尽量小，一般手工研磨不大于10 μm，机械研磨也应小于 15 μm。

（2）研具

研具既是研磨剂的载体，同时又是研磨成形的工具，其自身应有较高的几何精度。

1）研具的材料

①灰铸铁，晶粒细小，具有良好的润滑性；硬度适中，磨耗低；研磨效果好；价廉易得，应用广泛。

②球墨铸铁，比一般铸铁容易嵌存磨料，可使磨粒嵌入牢固、均匀，同时能增加研具的耐用度，可获得高质量的研磨效果。

③软钢，韧性较好，强度较高；常用于制作小型研具。如研磨小孔、窄槽等。

④有色金属及合金。如铜、黄铜、青铜、锡、铝、铅锡金等，材质较软，表面容易嵌入磨粒，适宜作软钢类工件的研具。

⑤非金属材料。如木、竹、皮革、毛毡、纤维板、塑料、玻璃等。除玻璃以外，其他材料质地较软，磨粒易于嵌入，可获得良好的研磨效果。

2）研具种类

①研磨平板，用于研磨平面，有带槽和无槽两种类型，如图 2—51 所示。

②研磨环，主要研磨外圆柱表面，如图 2—52 所示。

③研磨棒，主要用于圆柱孔的研磨，分固定式和可调式两种，如图 2—53 所示。

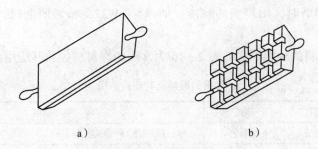

a)　　　　　　　　　　　　b)

图 2—51　研磨平板

a) 无槽的用于精研　b) 有槽的用于粗研

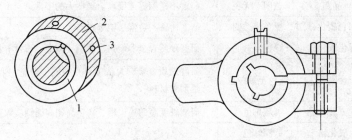

图 2—52　研磨环

1—调节圈　2—外环　3—调节螺钉

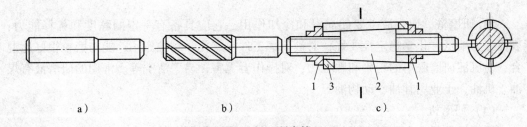

a)　　　　　　　　b)　　　　　　　　c)

图 2—53　研磨棒

a) 固定式无槽研磨棒　b) 固定式有槽研磨棒　c) 可调节式研磨棒

1—调节螺钉　2—锥度芯棒　3—开槽研磨套

3）研具的硬度。研具是磨具大类里的一类特殊工艺装备，它的硬度定义仍沿用磨具硬度的定义。磨具硬度是指磨粒在外力作用下从磨具表面脱落的难易程度，反映结合剂把持磨粒的强度。磨具硬度主要取决于结合剂加入量的多少和磨具的密度。磨粒容易脱落的表示磨具硬度低；反之，表示硬度高。研具硬度的等级一般分为超软、软、中软、中、中硬、硬和超硬 7 级。

（3）常用的研磨剂

研磨剂是由磨料、研磨液及辅料按一定比例配制而成的混合物。常用的研磨剂有液体和固体两大类。液体研磨剂由研磨粉、硬脂酸、煤油、汽油、工业用甘油配制而成；固体研磨剂是指研磨膏，由磨料和无腐蚀性载体，如硬脂酸、肥皂片、凡士林配制而成。

磨料的选择一般要根据所要求的加工表面粗糙度来选择，从研磨加工的效率和质量来说，要求磨料的颗粒要均匀。粗研磨时，为了提高生产效率，用较粗的粒度，如 W28 ~ W40；精研磨时，用较细的粒度，如 W5 ~ W27；精细研磨时，用更细的粒度，如 W1 ~ W3.5。

1）磨料。磨料的种类很多，表 2—16 为常用的磨料种类及其应用范围。

表 2—16　　　　　　　　　　常用的磨料及其应用范围

系列	磨料名称	颜色	应用范围
氧化铝系	棕刚玉	棕褐色	粗、精研钢、铸铁及青铜
	白刚玉	白色	粗研淬火钢、高速钢及有色金属
	铬钢玉	紫红色	研磨低粗糙度表面、各种钢件
	单晶刚玉	透明、无色	研磨不锈钢等强度高、韧性大的工件
碳化物系	黑色碳化硅	黑色半透明	研磨铸铁、黄铜、铝等材料
	绿色碳化硅	绿色半透明	研磨硬质合金、硬铬、玻璃、陶瓷、石材等材料
超硬磨料系	金刚石	灰色至黄白色	研磨硬质合金、人造宝石、玻璃、陶瓷、半导体材料等高硬度难加工材料
	立方氮化硼	琥珀色	研磨硬度高的淬火钢、高钒高钼高速钢、镍基合金钢等
软磨料系	氧化铬	深红色	精细研磨或抛光钢、淬火钢、铸铁、光学玻璃及单晶硅等，氧化铈的研磨抛光效率是氧化铁的 1.5 ~ 2 倍
	氧化铁	铁红色	
	氧化铈	土黄色	

2）研磨液。研磨液主要起润滑和冷却作用，它应具备有一定的黏度和稀释能力；表面张力要低；化学稳定性要好，对被研磨工件没有化学腐蚀作用；能与磨粒很好地混合，易沉淀研磨脱落的粉尘和颗粒物；对操作者无害，易于清洗等。常用的研磨液有煤油、机油、工业用甘油、动物油等。

（4）研磨机

研磨机是用涂上或嵌入磨料的研具对工件表面进行研磨的机床，主要用于研磨工件中的高精度平面、内外圆柱面、圆锥面、球面、螺纹面和其他型面。研磨机的主要类型有圆盘式研磨机、转轴式研磨机和各种专用研磨机。

2. 抛光

抛光是利用柔性抛光工具和微细磨料颗粒或其他抛光介质对工件表面进行的修饰加工，去除前工序留下的加工痕迹（如刀痕、磨纹、麻点、毛刺）。抛光不能提高工件的尺寸精度或几何形状精度，而是以得到光滑表面或镜面光泽为目的。有时也用于消除光泽（消光处理）。抛光与研磨的机理是相同的，人们习惯上把使用硬质研具的加工称为研磨，而使用软质研具的加工称为抛光。按照不同的抛光要求，抛光可分为普通抛光和精密抛光。

（1）抛光工具

抛光除可采用研磨工具外，还有适合快速降低表面粗糙度的专用抛光工具。

1）辅助研磨抛光工具。手持电动直杆旋转式研磨抛光工具如图 2—54 所示，安装研磨抛光工具的夹头高速旋转实现研磨抛光。夹头上可以配置 φ2～12 mm 的特形金刚石砂轮，研磨抛光不同曲率的凹弧面。还可配置 R4～12 mm 的塑胶研磨抛光套或毛毡抛光轮，可以研磨抛光复杂形状的型腔或型孔。如图 2—55 所示是可以伸入型腔的弯头抛光工具，对有角度的拐槽、弯角部位进行研磨抛光加工。辅助研磨抛光工具可以提高研磨抛光效率和减轻劳动强度，但是研磨抛光质量仍取决于操作者的技术水平。

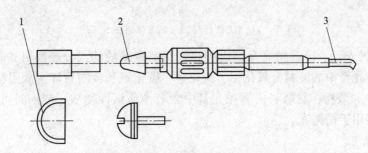

图 2—54　手持电动直杆旋转式研磨抛光工具

1—抛光套　2—砂轮　3—软轴

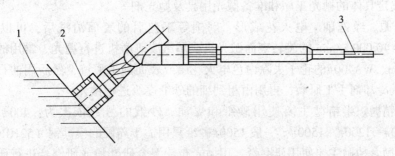

图 2—55　手持电动弯头旋转式研磨抛光工具

1—工件　2—研抛环　3—软轴

2）油石。油石是用磨料和结合剂等压制烧结而成的条状固结磨具，因在使用时通常要加油润滑，因而得名。油石一般用于手工修磨零件，也可装夹在机床上进行珩磨和超精加工。油石有人造的和天然的两类。人造油石由于所用磨料不同有两种结构类型，如图 2—56 所示。一是用刚玉或碳化硅磨料和结合剂制成的无基体的油石，按其横断面形状可分为正方形、长方形、三角形、楔形、圆形和半圆形等。二是用金刚石或立方氮化硼磨料和结合剂制成的有基体的油石，有长方形、三角形和弧形等。

天然油石是选用质地细腻又具有研磨和抛光能力的天然石英岩加工成的，适用于手工精密修磨。

3）砂纸。砂纸是由氧化铝或碳化硅等磨料与纸粘结而成，主要用于粗抛光，按颗粒大小常用的有 400#、600#、800#、1000#等磨料粒度。

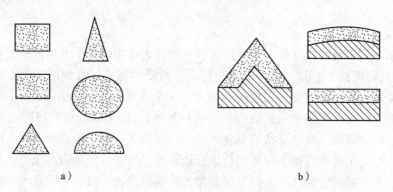

a）　　　　　　　　　　　　　　　b）

图 2—56　油石的分类

a）无基体油石　b）有基体油石

4）研磨抛光膏。研磨抛光膏是由磨料和研磨液组成的，分硬磨料和软磨料两类。硬磨料研磨抛光膏中的磨料有氧化铝、碳化硅、碳化硼和金刚石等，常用粒度为 240#、W40 等的磨粒和微粉；软磨料研磨抛光膏中含有油质活性物质，使用时可用煤油或汽油稀释，主要用于精抛光。

（2）抛光工艺

首先了解被抛光零件的材料和热处理硬度，以及前道工序的加工方法和表面粗糙度情况，检查被抛光表面有无划伤和压痕，明确工件最终的表面粗糙度要求。并以此为依据，分析确定具体的抛光工序和准备抛光用具及抛光剂等。

1）粗抛。经铣削、电火花成形、磨削等工艺后的表面清洗后，可以选择转速在 35 000～40 000 r/min 的旋转表面抛光机或超声波研磨机进行抛光。常用的方法是先利用 φ3 mm、WA400#的轮子去除白色电火花层或表面加工痕迹，然后用油石加煤油作为润滑剂或冷却剂手工研磨，再用由粗到细的砂纸逐级进行抛光。

2）半精抛。半精抛主要使用砂纸和煤油。砂纸的号数依次为：400#→600#→800#→1000#→1200#→1500#。一般 1500#砂纸只用适于淬硬的模具钢（52HRC 以上）。

3）精抛。精抛主要使用研磨膏。用抛光布轮混合研磨粉或研磨膏进行研磨时，通常的研磨顺序是 1800#→3000#→8000#。

（3）工艺措施

1）工具材质的选择。用砂纸抛光需要选用软的木棒或竹棒。

2）抛光方向选择和抛光面的清理。当换用不同型号的砂纸时，抛光方向应与上一次抛光方向变换 30°～45°进行抛光，使前一种型号砂纸抛光后留下的条纹阴影即可分辨出来。在换不同型号砂纸之前，必须用脱脂棉沾取酒精之类的清洁液对抛光表面进行仔细的擦拭，不允许有上一工序的抛光膏进入下一工序，尤其在精抛阶段。

（4）影响模具抛光质量的因素

由于一般抛光主要还是靠人工完成，所以抛光技术目前还是影响抛光质量的主要原因。除此之外，还与模具材料、抛光前的表面状况、热处理工艺等有关。

1）不同硬度对抛光工艺的影响。硬度增高使研磨的困难增大，但抛光后的表面粗糙度减小。

2）工件表面状况对抛光工艺的影响。钢材在机械切削加工的破碎过程中，表层会因热量、内应力或其他因素而使工件表面状况不佳；电火花加工后表面会形成硬化薄层。因此，抛光前最好增加一道粗磨加工，彻底清除工件表面状况不佳的表面层，为抛光加工提供一个良好的基础。

单元测试题

一、填空题

1. 模具零件的机械加工工艺过程是由一个或若干个_____组成，而工序又分为_____、工位_____和走刀。

2. 工艺规程必须明确工艺_____，该基准力求与_____一致。

3. 车削是以工件的_____作为主运动，车刀相对工件做_____运动的切削加工方法。

4. 常用的成形磨削的方法有两种：_____磨削法和夹具磨削法。

5. 坐标磨削常用于模具的精密加工，磨削时有 3 种基本运动，即砂轮的高速_____、_____（砂轮回转轴线的圆周运动）及砂轮沿机床主轴方向的_____往复运动。

6. 电火花线切割加工是利用工具电极和工件电极之间不断产生脉冲性的_____，靠放电时局部、瞬时产生的高温把金属蚀除下来，以使零件的尺寸、形状和表面质量达到预定要求的加工方法。电火花线切割利用移动的细金属导线（铜丝或钼丝）为_____电极。

7. 抛光与研磨的机理是相同的，人们习惯上把使用硬质研具的加工称为_____，而使用软质研具的加工称为_____。

8. 零件上精度比较高的表面，是通过_____、半精加工和_____逐步达到的。

9. 成形磨削的基本原理，就是把构成零件形状的复杂几何形线，分解成若干简单的直线、斜线和圆弧，然后进行_____磨削，使构成零件的几何形线互相连接圆滑、光整，达到图面的_____要求。

10. 表面加工方法的选择，除了首先保证质量要求外，还应考虑_____和_____的要求。

二、单项选择题

1. 当冲压模具零件的尺寸精度和表面粗糙度有较高要求，而且模具零件的前工序为达到零件使用的硬度，经过淬火处理后，往往采用的加工方法是_____。

A. 铣削   B. 刨削   C. 磨削   D. 锉削

2. 电动机定、转子硅钢片凸模与凹模拼块使用的材料常选用_____。

A. CrWMn   B. T10   C. 45 钢   D. 硬质合金

3. 模具成型零件成形磨削前工序的工序零件一般采用_____。

A. 电火花线切割加工   B. 车削加工

C. 镗削加工   D. 研磨加工

4. 冲裁凹模常选用的模具材料是_____。

A. Cr12MoV   B. Q235   C. 08F   D. H62

5. 冲裁凹模板型孔的线切割一般是安排在热处理_____。

A. 之前   B. 之后   C. 前后皆可

三、判断题

1. 淬火钢往往不能选用磨削加工，因为磨削时会堵塞砂轮，所有一般都选用高速车削和高速铣削。

2. 工艺规程不必确定模具零件的加工方法和顺序，由模具加工者自行确定；但要确定各工序的加工余量、工序尺寸和公差要求以及工艺装备、设备的配置等。

3. 铣削的加工范围很广，主要用于铣削平面、沟槽和成形面等。还能进行孔加工（钻、扩、铰、镗孔）和分度工作。

4. 表面粗糙度、精度要求低的可用大电流、大参数一次加工；反之则要多次加工，要求越高，切割次数就越多。

5. 坐标磨削是为了消除工件热处理变形、提高加工精度而实施的精密加工工艺。

四、简答题

1. 模具常用的光整加工方法有哪些？光整加工的目的是什么？能否提高零件的尺寸精度？

2. 线切割加工采用逐点比较法插补的过程要进行的四个工作节拍是什么？并说明每一节拍的作用。

单元测试题答案

一、填空题

1. 工序 安装 工步

2. 定位基准 设计基准

3. 旋转 进给

4. 成形砂轮

5. 旋转运动 行星运动 直线

6. 火花放电 工具

7. 研磨 抛光

8. 粗加工 精加工

9. 分段 技术

10. 生产效率　经济性

二、单项选择题

1. C　2. D　3. A　4. A　5. B

三、判断题

1. ×　2. ×　3. √　4. √　5. √

四、简答题

1. 模具的光整加工常用的方法为研磨与抛光。光整加工是以降低零件表面粗糙度、提高表面形状精度和增加表面光泽为主要目的，一般用于产品、零件的最终加工。不能提高零件的尺寸精度。

2. 线切割加工采用逐点比较法插补的过程要进行的四个工作节拍及作用如下。

（1）偏差判别。判别加工坐标点对规定几何轨迹的偏离位置，以决定拖板的走向。

（2）进给。根据偏差值（F）控制坐标工作台沿 $+X$ 或 $-X$ 向；$+Y$ 或 $-Y$ 向进给。

（3）偏差计算。由机床数控装置根据数控程序计算出新的加工点与规定图形轨迹之间的偏差，作为下一步判别走向的依据。

（4）终点判断。根据计数长度判断是否到达程序规定的加工终点。若到达终点，则停止插补和进给，结束该段程序，进入下一新程序段；否则再回到第一拍。

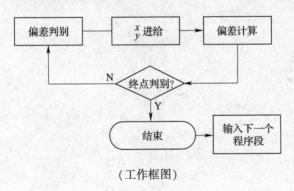

（工作框图）

第**3**章

模具钳工基本知识与技能

第一节　模具钳工

培训目标

→ 掌握模具钳工的特点
→ 掌握模具钳工应具备的操作技能

钳工技术是机械制造中古老而普通的金属加工技术。钳工作业主要包括錾削、锉削、锯切、划线、钻削、铰削、攻螺纹和套螺纹、刮削、研磨、矫正、弯曲和铆接等。19世纪以后，由于各种机床的发展和普及，逐步使大部分钳工作业实现了机械化和自动化，但在机械制造过程中钳工仍是广泛应用的基本技术，其原因有：划线、刮削、研磨和机械装配等钳工作业，至今尚无适当的机械化设备可以完全代替；某些最精密的样板、零件间的配合表面（如导轨面和轴瓦等），还需依靠人工手艺作精密加工；在单件小批生产及修配工作或缺乏设备条件的情况下，采用钳工制造某些零件仍是一种经济实用的方法。

模具钳工主要是针对于模具制造、装配调试、修理、维护保养的钳工。除模具之外，模具钳工的工作范畴也可包括各种夹具、钻具、量具的设计、制作与维护。此外，某些行业还要求模具钳工，要有能力对一些特殊要求的工艺装备进行设计、加工、组装、测试、校准等。

一、模具钳工的特点

模具钳工是采用以手工操作为主的方法进行模具零部件加工、装配及保养的一个工种。模具钳工在模具制造及修理工作中起着十分重要的作用，在模具的制造过程中要完成以下工作。

（1）模具加工前的准备工作，如毛坯表面的清理，在加工零件上按要求划线等。

（2）某些复杂精密零件的加工和测量比较困难时，需要制作样板及工具。

（3）模具装配过程中在零件上进行的钻孔、铰孔、攻螺纹、套螺纹以及对零件的修配。

（4）模具零件最终加工的研磨与抛光。

（5）模具的组装、调整、试模及维修。

钳工的主要工艺特点是：加工灵活、方便，工具简单，能完成机械加工不方便或难以完成的工作，但钳工劳动强度大、生产效率低、对工人技术水平要求较高。

二、模具钳工应具备的操作技能

模具钳工大多是在钳工台上以手工工具为主，对工件进行加工的。凡是采用机械加工方法不太适宜或难以进行机械加工的场合，通常可由钳工来完成。尤其是模具与机械产品的装配、调试、安装和维修等更需要钳工操作。手工操作的特点是技艺性强，加工质量高低主要取决于操作者技能水平。

作为一名优秀的模具钳工，首先应具备各项基本操作技能，如划线、錾削、锉削、锯削、钻孔、扩孔、锪孔、铰孔、攻螺纹、套螺纹、矫正、弯形、刮削、研磨、技术测量和简单的热处理等。进而应掌握模具零部件的加工制作方法，模具的修理和调试等技能。

三、模具钳工应具备的专业知识

模具钳工应掌握所加工模具的结构，模具零部件加工工艺方法和工艺过程，模具零件材料的选择及其性能，模具的标准化等知识。

第二节　模具钳工的基本技能

培训目标

→ 熟悉各种钳工工具，并能掌握各种钳工工具的使用要领

→ 能熟练使用钳工划线工具在模板上按要求划线

→ 能按模具图样的要求，较熟练地使用相关工具进行钻孔、铰孔和攻螺纹

一、划线

1. 划线的概念

划线是根据图样要求，在零件毛坯或已加工的半成品表面准确地划出加工图形、加工位置点或加工界线的操作。划线是钳工的基本操作技能，是零件在成形加工前一道重要工序。其作用如下。

（1）指导加工

通过划线确定零件加工面的位置，明确地表示出表面的加工余量。

（2）通过划线及时发现毛坯的各种质量问题

当毛坯余量较小时，可通过划线借料予以补救，从而提高坯件的合格率，对不能补救的毛坯不再转入下一道工序。

划线是一种复杂、细致而重要的工作，直接关系到产品质量的好坏。模具零件在加工过程中要经过一次或多次划线。在划线前首先要看清楚图样，了解零件的作用，分析零件的加工工艺过程和加工方法，从而确定要加工的余量和在工件表面上需划出哪些线。划线不但要划出清晰均匀的线条，还要保证尺寸正确，划线精度要求控制在 0.1 ~ 0.25 mm，划完后要认真核对尺寸和划线位置，保证划线准确。

按加工划出线的作用，可分为加工线、证明线和找正线。加工线是按图样要求划在零件表面上作为加工界线的线；证明线是用来检查发现工件在加工后的各种差错，甚至在出现废品时作为分析原因用的线；找正线是用来找正零件加工或装配位置时所用的线。一般证明线离加工线 5~10 mm，当证明线与其他线容易混淆时，可省略不划。

划线作业按复杂程度不同，可分为平面划线和立体划线两种类型。平面划线是在毛坯或工件的一个表面上划线，立体划线是在毛坯或工件两个以上平面上划线。

2. 常用的划线工具

划线工具按用途分，有以下四种。

（1）基本工具

它包括划线平台（精密平板）（见图 3—1）、方箱（见图 3—2）、V 形铁（见图 3—3）、三角铁、直角板以及各种分度头等。

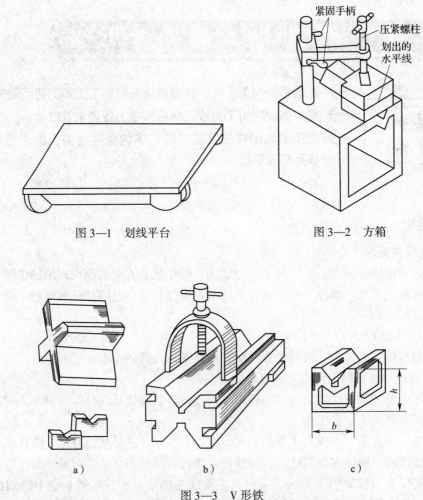

图 3—1　划线平台　　　　　　　　图 3—2　方箱

图 3—3　V 形铁

a）普通 V 形铁　b）带夹持弓架 V 形铁　c）精密 V 形铁

（2）量具

它包括钢直尺、游标高度尺（见图 3—4）、游标卡尺、游标万能角度尺、90°角尺、钢卷尺等。

（3）绘划工具

它包括划针（见图 3—5）、划线盘（见图 3—6）、划线游标角度尺、划规（见图
3—7）、划卡（见图 3—8）、平尺、曲线板以及锤子、样冲（见图 3—9）等。

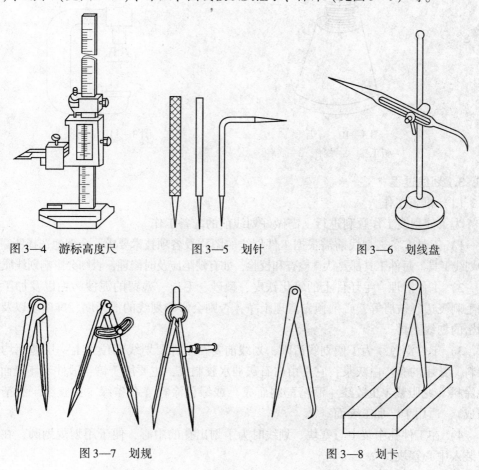

图 3—4　游标高度尺　　　　图 3—5　划针　　　　图 3—6　划线盘

图 3—7　划规　　　　　　　　图 3—8　划卡

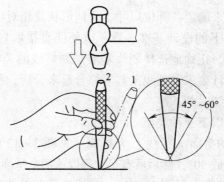

图 3—9　样冲

（4）辅助工具

它包括垫铁、千斤顶（见图 3—10）、C 形夹头（见图 3—11）、夹钳以及找中心或
划圆时打入工件孔中的木条、铅条等。

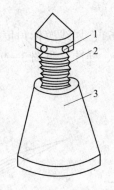

图 3—10　千斤顶

1—扳手孔　2—螺杆　3—底座

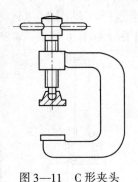

图 3—11　C 形夹头

3. 划线过程

（1）准备工作

为了使划线工作顺利进行，需做好划线前的准备工作。

1）工具准备。划线前需根据工件划线的图样及各项技术要求，合理地选择所需的各种划线工具。每件工具都要认真检查和校验，如有缺陷应及时修理，否则会影响划线质量。

2）工件清理。毛坯件上的氧化铁皮、型砂、毛边、残留的泥沙污垢以及加工件上的毛刺飞边、铁屑等，必须预先清理干净，否则会影响划线的清晰度、准确度以及损伤精密的划线工具。

3）工件涂色。为了使划线清晰，划线前要在工件要划线部位涂上一层薄而均匀的涂料。常用的有：白灰浆，它是由白石灰加水胶制成，主要用于铸、锻件毛坯表面；紫色涂料（龙胆紫 + 虫胶漆 + 酒精配制而成）或绿色涂料（孔雀绿 + 虫胶漆 + 酒精配制而成），适用于已加工表面。

4）在工件孔中装中心塞块。划线时为了划出孔的中心，便于用划规划圆，在孔中要装入中心塞块。

（2）选择基准

划线基准是划线时用来确定各部位尺寸、几何形状及相对位置的依据。划线时所取的划线基准最好与零件图上的设计基准一致，以便能直接取划线尺寸，从而可简化换算，提高划线质量和效率。正确地选择划线基准是划好线的关键，在选择划线基准时，需将工件、加工工艺、设计要求和划线工具等综合起来分析，找出工件上与各个方面有关的点、线或面，作为划线时的基准。

常选用的划线基准有以下三种类型。

1）以两个相互垂直的平面（或线）为基准（见图 3—12）。划线前先将这两个垂直的平面加工好，使其互成 90°，然后所有尺寸都以这两个平面为基准，划出所有的线。

2）以两条中心线为基准（见图 3—13）。划线前先在工件表面上找出相对的两个位置，划出两条中心线，然后再根据中心线划出其他的加工线。

3）以一个平面和一对中心线为基准（见图 3—14）。划线前先将平面加工好，再划出中心线和其他加工线。

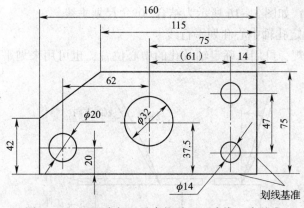

图 3—12　以两个相互垂直的平面（或线）为基准

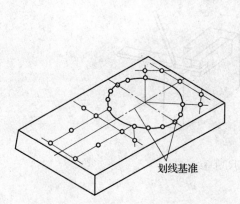

图 3—13　以两条中心线为基准

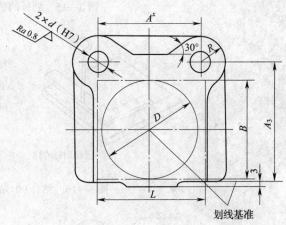

图 3—14　以一个平面和一对中心线为基准

复杂形状零件划线，还应注意以下几点。

①通常比较复杂的工件，往往要经过多次划线和加工才能完成，所以划线前应首先明确工件的加工工序，然后按照工艺要求选择相应的划线基准和放置基准。划出本工序所应划的线。划线时应避免所划的线被加工掉而重划和多划不需要的线。

②确定划线基准时，既要保证划线的质量，提高划线效率，同时也应考虑工件放置要合理。一般说来，较复杂工件的划线基准的选择，可考虑划线基准应尽量与设计基准一致，并选择较大而平直的面作为划线基面。

③在选择第一划线位置时应使工件上的主要中心线平行于平台面，划出较多的尺寸线。

④在工件上划线时，凡须将工件多次进行翻转，经过几个划线位置才能将各面所属的线划出的工件，它们各面的线都是相互制约的，就是说整个划线工件所有划线部位的基准是同一的。因此，在工件翻转后，应使原来与平台相互平行的线变成与平台相互垂直或成一定角度的线。

4. 基本线条的划线方法

（1）用划针划线

划针是直接在工件上划出加工线条的工具，一般是用工具钢制造，如图 3—15 所示为划针的使用方法；如图3—16所示为结合90°角尺划垂线。

（2）用划卡确定孔轴中心和划平行线

划卡又称单脚规，可用以确定轴及孔的中心位置，也可用来划平行线，如图3—17所示。

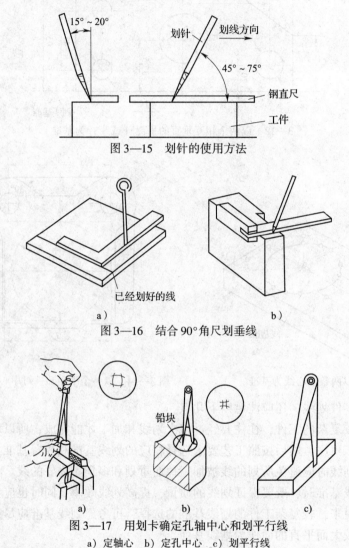

图3—15　划针的使用方法

图3—16　结合90°角尺划垂线

图3—17　用划卡确定孔轴中心和划平行线
a）定轴心　b）定孔中心　c）划平行线

（3）用划规划平行线

划规结构如图3—7所示，划规可用来划圆、量取尺寸和等分线。如图3—18所示为划平行线示意图。具体方法：用钢直尺和划针划一条基准线；靠近基准线两端各取一点，分别以这两点为圆心，以平行线间的距离为半径向基准线同一侧划圆弧；用钢直尺和划针作两圆弧的公切线，即为所求平行线。

（4）用划线盘划平行线

划线盘（见图3—6）可作为立体划线和找正工件位置用的工具，通过调节划针高度，在平板上移动划线盘，即可在工件上划出与平板平行的线，如图3—19所示。

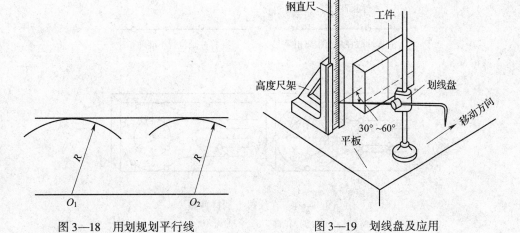

图 3—18 用划规划平行线   图 3—19 划线盘及应用

（5）用方箱划水平线和垂直线

划线方箱是一个空心的箱体，相邻平面互相垂直，相对平面互相平行。依靠夹紧装置把工件固定在方箱上，利用划线盘或游标高度尺可划出各边的水平线或平行线（见图 3—20a），翻转方箱则可把工件上互相垂直的线划出来（见图 3—20b）。

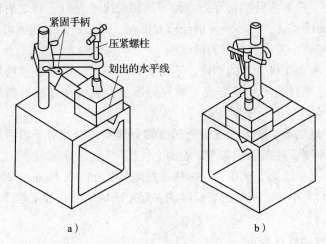

图 3—20 用方箱划水平线和垂直线

（6）划线后样冲眼的打法

划出的线条在加工过程中容易被擦去，故要在划好的线段上用样冲打出小而分布均匀的样冲眼（见图 3—21）。钻孔前的圆心也要打样冲眼，以便钻头定位。如图 3—9 所示为样冲及使用方法。

5. 典型冲压模具零件的划线举例

（1）模具零件划线注意事项

模具零件划线时虽然所用的工具和方法与一般零件的划线没什么两样，但由于模具是精密的工艺装备，其工作部分的形状、尺寸精度较高，且相对位置精度又有一定的要求，因此在划线时应注意以下几点。

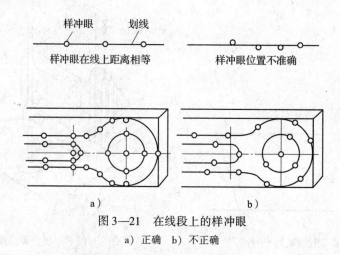

图 3—21 在线段上的样冲眼

a）正确 b）不正确

1）为了避免模具工作部分在模具装配后产生错位，上、下模工作部位形状划线时最好用样板或定好尺寸的划规、划线尺一次划出。

2）要充分注意模板各平面之间的垂直度和平行度要求。如果模板各面相互位置不正确，就会使划线和后续工序的加工造成误差，也就无法制造出高精度的模具。

3）划线要在对模具零件的尺寸公差和与其相关尺寸充分了解之后进行。这样，对具有同一形状型面的零件，如冲裁模的凸模和凹模，其型面的划线就可以一起进行，这对缩短划线时间和防止差错都是有利的。

4）划线时要考虑工件加工的顺序，不需要的线不划，也不要使所划的线超过必要的尺度。加工基准线（或尺寸基准线）要划得明显，也可在基准处做出标记，便于加工。

5）工件上划好的线，随着加工进展部分线会消失，因此对于以后有用的线，要事先延长到工件的外侧，并在工件非工作表面上作出标记。

6）划线线条必须准确、清晰，一般线条粗细为 0.05 ~ 0.1 mm。划完线后，就用样冲打眼，样冲眼的大小、疏密要适当而准确。划完线的工件在加工前要妥善保管，避免线条被擦掉。

（2）落料凸模划线过程

表 3—1 为凸模轮廓尺寸采用铣削加工，划出凸模的轮廓尺寸。

表 3—1 　　　　　　　　　　　落料凸模划线过程

名称	草图	备注
划线图形	R4.85　32.7 R34.8 15.8 27.8　36.5 15.8 R9.35　2.4 61.7	1. 凸模为直通式凸模（长度 45.5 mm），采用螺纹吊装 2. 铣削时按线放 0.05 ~ 0.10 mm 研磨量铣削

续表

名称	草图	备注
划线毛坯	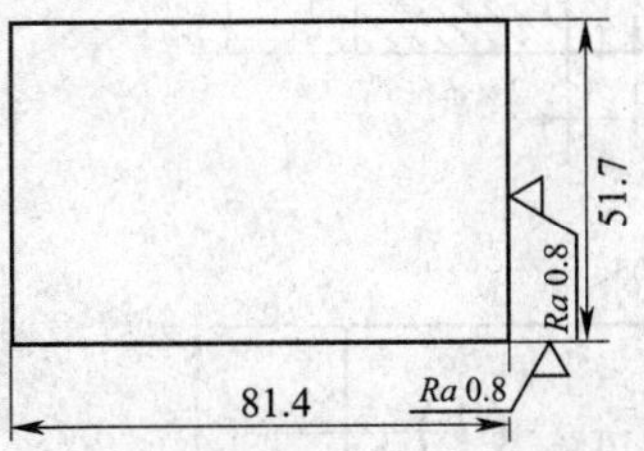	1. 将锻件铣为六面体，并平磨为图示尺寸 81.4 mm×51.7 mm×45.5 mm 2. 六面体相互垂直的面对角尺 3. 去毛刺，划线平面去油、去锈后涂色
划直线	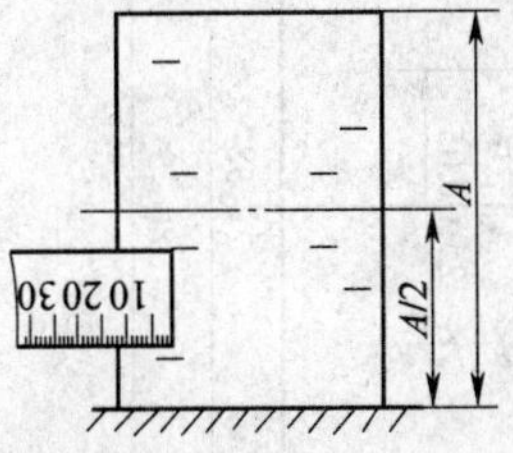	1. 将一基准面放平在平板上 2. 用游标高度尺测得实际高度 A 3. 以 A/2 划中心线（适合对称形状） 4. 计算各圆弧中心位置尺寸并划中心线，划线时用钢直尺大致确定划线横向位置 5. 划出尺寸 15.8 mm 线的两端位置
	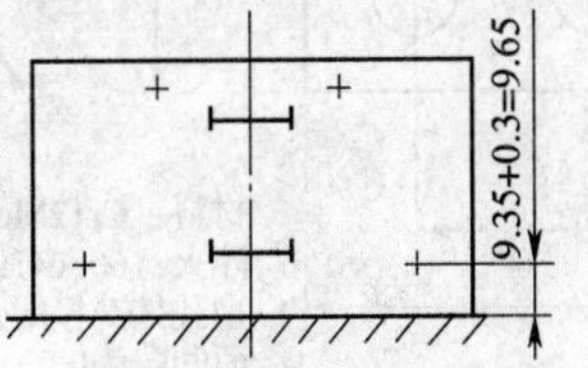	1. 将另一基准面放置在平板上 2. 划 R9.35 mm 中心线，加放 0.3 mm 余量 3. 计算各线尺寸后划线
划圆弧	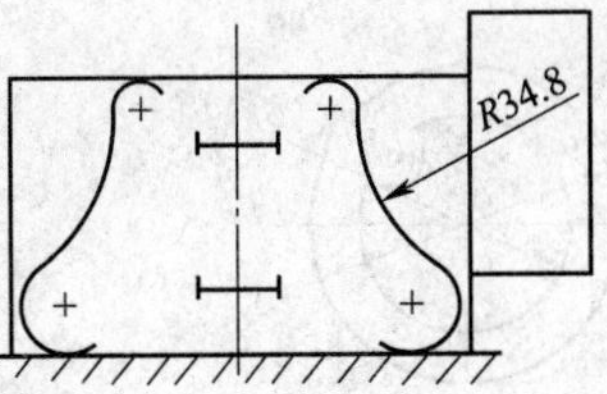	1. 在圆弧十字线中心轻轻敲样冲眼 2. 用划规划各圆弧线 3. R34.8 mm 圆弧中心在坯料之外，取一辅助块，用平口钳夹紧在工件侧面，求出圆心后划线
划斜线	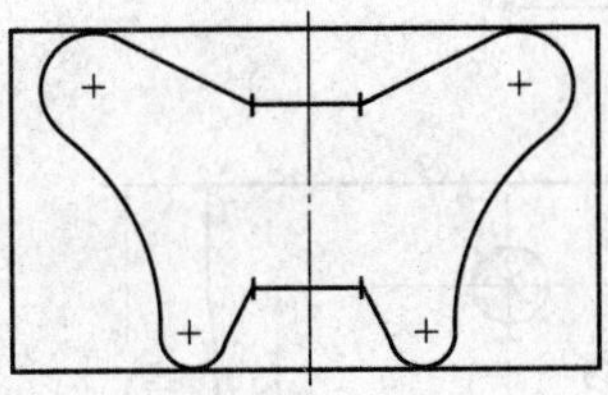	用钢直尺和划针连接各斜线

（3）冲裁模凹模板的划线

如图 3—22 所示为一级进冲裁模凹模板，冲压零件形状和排样图如图 3—23 所示，图中可知工位间的步距为 10.4 mm，异形件型孔尺寸基准线与凹模外形基准成 45°角，划线步骤如下。

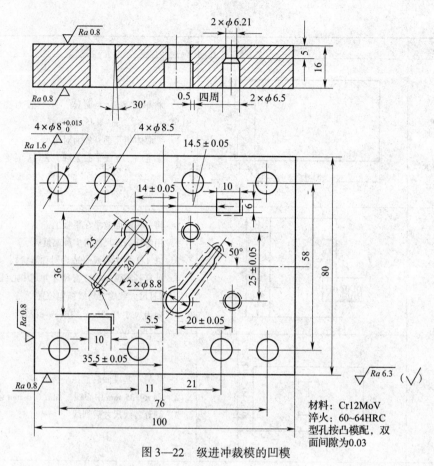

材料：Cr12MoV
淬火：60~64HRC
型孔按凸模配，双
面间隙为0.03

图 3—22　级进冲裁模的凹模

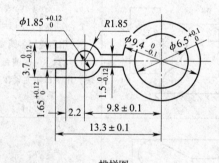

排样图

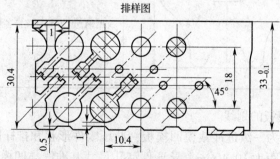

图 3—23　零件图和排样图

1）以凹模板的一对互相垂直的平面为划线基准，划出十字中心线（X、Y的坐标线）和按图划出各螺孔、销钉孔十字中心线。

2）以垂直基准面为基准，划出两个定距侧刃型孔和各圆形型孔的中心线。

3）通过凹模板一对互为垂直的侧基准面，用游标万能角度尺划出45°斜线。

4）将凹模放在V形铁中，用游标高度尺校平45°斜线，如图3—24所示。然后从$2 \times \phi 8.8$ mm处，用游标高度尺划与平板平行的水平线H_1、H_2。

5）根据零件图标注尺寸，计算并使用划线工具划出各线及圆弧。

6）在圆心和型孔轮廓处打样冲眼。

对于机械加工来说，上述划线是必不可少的，若采用线切割加工，型孔的轮廓线可以不划，只需要划出型孔穿丝孔的中心线即可，用镗床按划线镗线切割工艺穿丝孔。

二、锯削

锯削是对金属进行切削加工的一种操作方法。锯削可分割材料或在工件上切槽。锯削加工精度低，锯削后一般需进一步加工。

1. 锯削工具

钳工锯削使用的工具是手锯，手锯是由锯弓和锯条组成。

（1）锯弓

锯弓可分为固定式和可调式两种。如图3—25所示为常用的可调式锯弓。

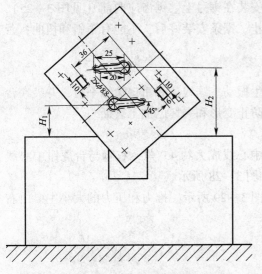

图3—24　用V形铁划线

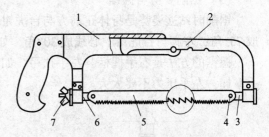

图3—25　可调式锯弓

1—固定部分　2—可调部分　3—固定拉杆
4—销子　5—锯条　6—伸缩拉杆
7—蝶形调节螺母

（2）锯条及其选用

锯条由碳素工具钢制成，并经淬火和低温退火处理。锯条规格用锯条两端安装孔之间的距离表示。常用的锯条长约300 mm、宽约12 mm、厚约0.8 mm。锯条齿形如图3—26所示，锯齿的排列多为波形（见图3—27）。

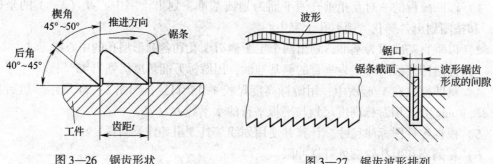

图 3—26　锯齿形状　　　　　　　　　图 3—27　锯齿波形排列

锯齿按齿距 t 大小可分为粗齿（$t = 1.6$ mm）、中齿（$t = 1.2$ mm）及细齿（$t = 0.8$ mm）三种。锯齿的粗细应根据加工材料的硬度和厚薄来选择。锯削铝、铜等软材料或厚材料时，应选用粗齿锯条，因为锯削软的材料或厚的材料时锯屑较多，要求有较大的容屑空间。锯削硬钢、薄板及薄壁管子时应该选用细齿锯条，因为锯削硬材料时锯齿不易切入，锯削量小，不需要大的容屑空间，同时切削的齿数多，每齿锯削量小，材料容易被切除，并且每个锯齿承受的力量减小，锯齿不易被崩裂。锯削软钢、铸铁及中等厚度的工件时则多用中齿锯条。

2. 锯削基本操作

（1）锯条安装

根据工件材料及厚度选择合适的锯条，安装在锯弓上。锯齿应向前（见图 3—25），松紧应适当，一般用两个手指的力能旋紧为止。锯条安装好后，不能有歪斜和扭曲，否则锯削时易折断。

（2）工件安装

工件伸出钳口不应过长，防止锯削时产生振动。锯线应和钳口边缘平行，并夹在台虎钳的左边，以便操作。工件要夹紧，并应防止变形和夹坏已加工表面。

（3）锯削姿势与握锯

锯削时站立姿势是身体正前方与台虎钳中心线成大约 45°角，右脚与台虎钳中心线成 75°角，左脚与台虎钳中心线成 30°角，如图 3—28 所示。

握锯的方法是右手握柄，左手扶弓，如图 3—29 所示。推力和压力的大小主要由右手掌握，左手压力不要太大。

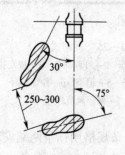

图 3—28　锯削时站立姿势

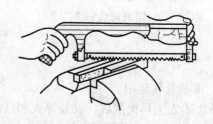

图 3—29　握锯的方法

锯削的姿势有两种：一种是直线往复运动，适用于锯薄形工件和直槽；另一种是摆动式，锯削时锯弓两端与类似锉外圆弧面时的锉刀摆动一样。这种操作方式，两手动作自然，不易疲劳，切削效率较高。

（4）起锯方法

起锯的方式有两种：一种是从工件远离自己的一端起锯，如图 3—30a 所示，称为远起锯；另一种是从工件靠近操作者身体的一端起锯，如图 3—30b 所示，称为近起锯。一般情况下采用远起锯较好。无论用哪一种起锯的方法，起锯角度都不要超过 15°。为使起锯的位置准确和平稳，起锯时可用左手大拇指挡住锯条的方法来定位。

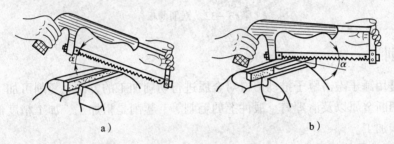

a)　　　　　　　　　　　　　b)

图 3—30　起锯方法

（5）锯削速度和往复长度

锯削速度以每分钟往复 20～40 次为宜。速度过快锯条容易磨钝，反而会降低切削效率；速度太慢，效率不高。

锯削时最好使锯条的全部长度都能进行锯削，一般锯弓的往复长度应不小于锯条长度的 2/3。

3. 管子及薄板锯削

（1）管子的锯削

锯薄管时，应将管子夹在两块木制的 V 形槽垫块间，以防夹扁管子，如图 3—31所示。锯削时，不能从一个方向锯到底，否则容易断齿，如图 3—31b 所示。正确的锯削方法，应是多次变换方向进行锯削，每一个方向只锯到管子的内壁处后，即把管子转过一个角度，逐次地进行锯削，直至锯断为止，如图 3—31a 所示。

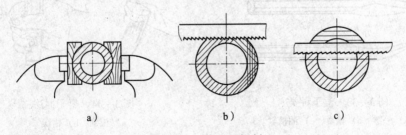

a)　　　　　　　　　b)　　　　　　　　　c)

图 3—31　管子的锯削

（2）锯削薄板

将薄板装夹在台虎钳上，锯削线靠近钳口且与钳口平行（见图 3—32a），用手锯沿锯削线做横向锯削，如图 3—32b 所示。

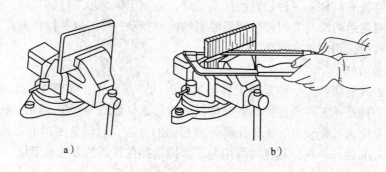

图 3—32　锯削薄板

三、錾削

錾削是用锤子敲击錾子推动刃口对金属进行切削加工的方法。錾削可加工平面、沟槽，还可切断金属以及清理铸、锻件上的毛刺等。錾削是粗加工，加工精度低，錾削后还需进一步加工。

1. 錾削工具的使用方法与维护

（1）錾子及其使用

常用的錾子有平錾、槽錾和油槽錾，如图 3—33 所示。平錾用于錾平面和錾断金属，它的刃宽一般为 10 ~ 15 mm；槽錾用于錾槽，它的刃宽约为 5 mm；油槽錾用于錾油槽，它的錾刃磨成与油槽形状相符的圆弧形。錾子全长 125 ~ 150 mm。錾刃楔角应根据所加工材料不同而异。錾削铸铁时为 70°；錾削钢时为 60°；錾削铜、铝≤50°。

握錾子应松动自如，主要用中指夹紧。錾头伸出 20 ~ 25 mm（见图 3—34）。

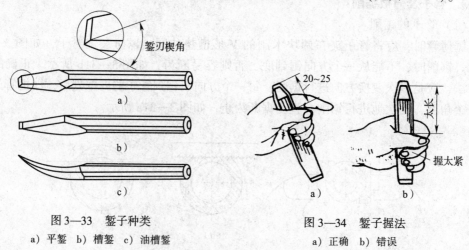

图 3—33　錾子种类

a）平錾　b）槽錾　c）油槽錾

图 3—34　錾子握法

a）正确　b）错误

（2）锤子及其握法

锤子大小用锤头的质量表示，常用的约 0.5 kg。锤子的全长约为 300 mm。握锤子时主要靠拇指和食指，其余各指仅在锤击下时才握紧，柄端只能伸出 15 ~ 30 mm，如图3—35 所示。

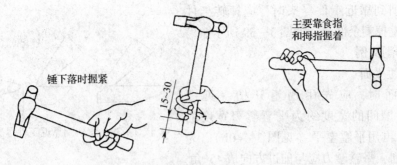

图 3—35　锤子及其握法

2. 錾削基本操作

（1）錾削姿势

錾削时的姿势应便于用力，不易疲倦，如图 3—36 所示。同时，挥锤要自然，眼睛应注视錾刃，而不是錾头。

（2）錾削方法

起錾时应将錾子握平或使錾头稍向下倾（见图 3—37），以便錾刃切入工件。

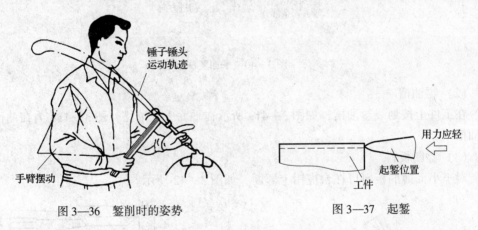

图 3—36　錾削时的姿势　　　　　　　图 3—37　起錾

錾削时，錾子与工件夹角如图 3—38 所示。粗錾时，錾刃表面与工件夹角为 3°~5°；细錾时，角度略大些。

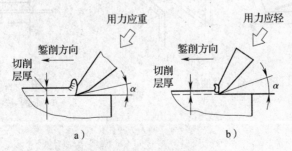

图 3—38　保持錾平的方法

a）粗錾，α 角应小，以免啃入工件　b）细錾，α 角应大些，以免錾子滑出

当錾削到靠近工件尽头时，应掉转工件从另一端錾掉剩余部分，如图 3—39 所示。

3. 錾削实例

（1）**錾平面**

錾平面时，应先用槽錾开槽（见图 3—40a），槽间的宽度约为平錾錾刃宽度的 3/4，然后再用平錾錾平（见图 3—40b）。为了易于錾削，平錾錾刃应与前进方向成45°角。

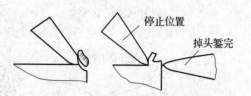

图 3—39　錾削到靠近工件尽头情境

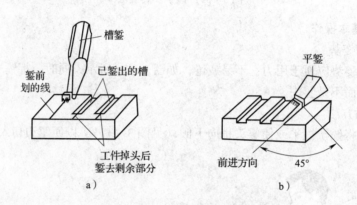

图 3—40　平面錾法

（2）**錾油槽**

在工件上按划线錾油槽，如图 3—41a 所示在平面上开油槽，图 3—41b 为在曲面上开油槽。

（3）**錾断板料**

对于小而薄的板料可在台虎钳上錾断，如图 3—42 所示。

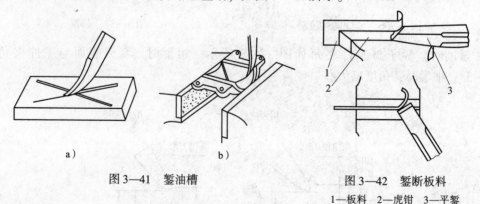

图 3—41　錾油槽

图 3—42　錾断板料
1—板料　2—虎钳　3—平錾

四、锉削

锉削是用锉刀对工件表面进行切削加工的一种操作方法。锉削精度最高可达 0.005 mm；表面粗糙度 Ra 值最小可达 0.4 μm 左右。锉削操作是钳工工作最基本的技能。

1. 锉削工具及其基本操作

（1）锉刀的构造及规格

锉刀的结构如图 3—43 所示。

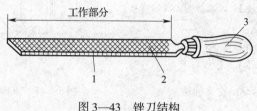

图 3—43　锉刀结构

1—锉边　2—锉面　3—锉柄

锉刀规格以工作部分的长度表示，分 100 mm、150 mm、200 mm、250 mm、300 mm、350 mm、400 mm 七种。

（2）锉刀种类及选择

锉刀按每 10 mm 锉面上齿数多少，分为粗锉刀（4~12 齿）、细锉刀（13~24 齿）和光锉刀（30~40 齿）三种。粗锉刀的齿间容屑槽较大，不易堵塞，适于粗加工或锉削铜和铝等软金属；细锉刀多用于锉削钢材和铸铁；光锉刀又称油光锉，只适用于最后修光表面。

此外，根据尺寸的不同，锉刀又可分为普通锉刀和什锦锉刀两类。普通锉刀的形状及用途如图 3—44 所示。什锦锉刀尺寸较小，通常以 10 把形状各异的锉刀为一组，用于修锉小型工件以及某些难以进行机械加工的部位。什锦锉刀形状及用途如图 3—45 所示。

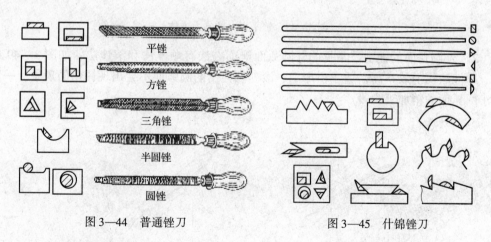

平锉

方锉

三角锉

半圆锉

圆锉

图 3—44　普通锉刀

图 3—45　什锦锉刀

（3）锉削基本操作

1）锉平面的操作。锉削平面是锉削中最基本的操作。粗锉时可用交叉锉法（见图 3—46），这样不仅锉得快，而且在工件表面的锉削面上能显示出高低不平的痕迹，故容易锉出准确的平面。待基本锉平后，可用细锉或光锉以推锉法修光，如图 3—47 所示。

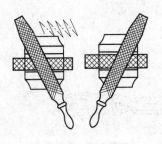

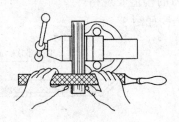

图3—46 交叉锉法   图3—47 推锉法

　　要锉出平直的平面，必须使锉刀的运动保持水平。平直是靠在锉削过程中逐渐调整两手的压力来达到的，如图3—48所示。

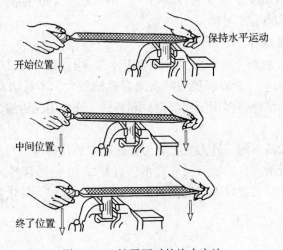

图3—48 锉平面时的施力方法

　　2）外圆弧面的锉削。常见的外圆弧面锉削方法有顺锉法和滚锉法，如图3—49所示。顺锉法切削效率高，适于粗加工；滚锉法锉出的圆弧面不会出现棱角的现象，一般用于圆弧面的精加工阶段。

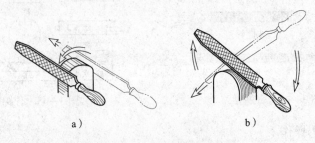

a)   b)

图3—49 外圆弧面的锉削方法

2. 钳工常用的检验工具

　　钳工常用检验工具有刀口形直尺、90°角尺、游标角度尺等。刀口形直尺、90°角尺可检验工件的直线度、平面度及垂直度。下面介绍用刀口形直尺检验工件平面度的方法。

（1）用刀口形直尺检验平面度

将刀口形直尺垂直紧靠在工件表面，并在纵向、横向和对角线方向逐次检查，如图 3—50 所示。检验时，如果刀口形直尺与工件平面透光微弱而均匀，则该工件平面度合格，如果透光强弱不一，则说明该工件平面凹凸不平。

（2）用塞尺确定平面度误差

通过刀口形直尺检验工件出现凹凸不平时，用塞尺插入刀口形直尺与工件紧靠的缝隙处，根据塞尺的厚度即可确定平面度的误差（见图 3—51）。

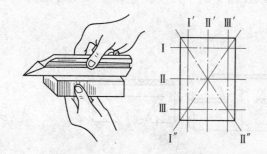
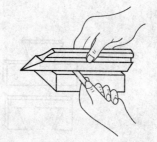

图 3—50　用刀口形直尺检验平面度　　　　图 3—51　用塞尺确定平面度误差

3. 锉削配零的案例

通过锉削，使一个零件能配入另一个零件的孔或槽内，且保证一定的技术要求，这种操作叫作锉配。锉配件的制作广泛应用于模具制造、装配和样板的制作。现以燕尾样板的锉配为例，说明锉配件的制作方法。

如图 3—52 所示为一燕尾样板合套的工件。主要技术要求是样板甲与样板乙结合面单边间隙不大于 0.05 mm，且不允许倒角。为了保证间隙要求及其他位置误差要求，细锉时，应将甲板作为基准件，严格控制各尺寸精度符合要求。锉配步骤如下。

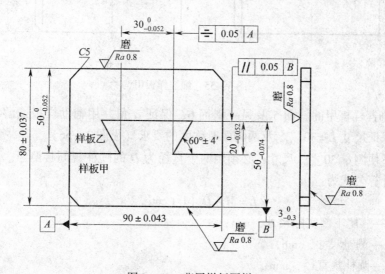

图 3—52　燕尾样板图样

（1）根据图示尺寸备料。

（2）用锤子和錾子做样板甲、乙的标记，并用划线工具按图样要求划出甲、乙两样板的全部加工线。然后使用台钻分别在甲、乙两样板的锐角尖上钻 φ2 mm 的落刀孔。

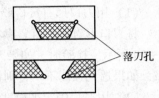

图 3—53　锯除多余部分

（3）留出所需加工余量，用手锯锯除多余部分（见图 3—53）。

（4）用锉刀粗锉甲、乙两样板的配合面，留出 0.1 mm 余量（见图 3—54a）；粗锉其他面，保证面 1 与面 2、面 3 与面 4 以及面 5 的平行度误差在 0.05 mm 之内（见图 3—54b）。

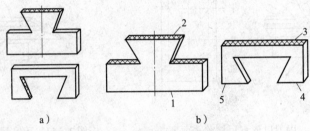

a)　　　　　　　　　　　b)

图 3—54　粗锉甲、乙两样板

（5）细锉样板甲的面 2 和面 3、面 4，保证尺寸 $20_{-0.052}^{0}$。面 3 与面 4 在同一平面上，且与面 2 平行（见图 3—55a）；细锉样板甲的面 1，保证尺寸 $50_{-0.074}^{0}$，且面 1 与面 2 平行（见图 3—55b）。

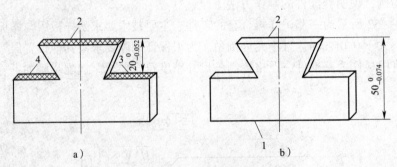

a)　　　　　　　　　　　b)

图 3—55　细锉样板甲

（6）细锉样板甲的斜面 5 及另一斜面 6，保证 α 角并用辅助样板或游标角度尺检查，同时保证尺寸 $L = 30_{-0.052}^{0}$ 及两斜面对称度的要求（见图 3—56）。

由于不便测量 $30_{-0.052}^{0}$ 尺寸，必须用两个直径为 D 的圆柱规间接测量。测量后 L 的实际尺寸计算公式为：

$$L = M - D\ (1 + \cot\alpha/2)$$

式中　L——燕尾下部实际尺寸，mm；

　　　M——测量尺寸，mm；

　　　D——圆柱规直径，mm；

　　　α——斜面与相邻面夹角，（°）。

（7）细锉样板乙各表面，使 H、h、B、α 等尺寸符合要求（见图 3—57）。

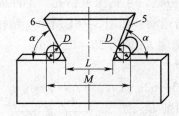

图 3—56　细锉样板甲斜面

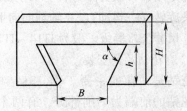

图 3—57　细锉样板乙各表面

（8）修锉样板甲、样板乙，再用样板甲试配样板乙，并进行透光检查，使单边间隙不大于 0.05 mm（见图 3—58），然后锉配件四倒角 $C5$。

（9）检验。

五、钻孔、扩孔与铰孔

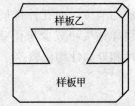

图 3—58　试配样板和锉四倒角

钳工的钻孔、扩孔和铰孔工作，多在钻床上进行。常用的钻床有台式钻床、立式钻床和摇臂钻床。下面只简介前两种。

台式钻床简称台钻。它是一种放在台桌上使用的小型钻床，钻孔直径一般在 12 mm 以内。如图 3—59 所示为 Z4012 台钻。Z 表示钻床类；40 表示台式钻床；12 表示最大钻孔直径，即 12 mm。台钻主轴的转速可通过改变 V 形带在塔式带轮上的位置来调节。主轴的向下进给是手动的。台钻小巧灵活，使用方便，主要用于加工小型工件上的小孔。

立式钻床简称立钻。如图 3—60 所示为 Z5125 立钻。编号中，Z 表示钻床类；51 表示立式钻床；25 表示最大钻孔直径，即 25 mm。立钻主要由主轴、主轴变速箱、进给箱、立柱、工作台和机座等组成。主轴向下进给既可手动，也可机动。立钻主要用于加工中小型工件上的中小孔。

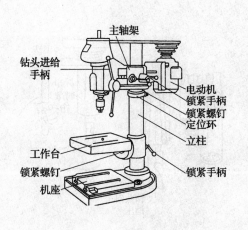

图 3—59　Z4012 台钻

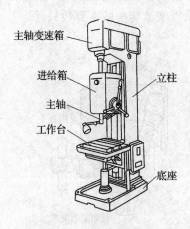

图 3—60　Z5125 立钻

1. 钻孔

钻孔是用钻头在实体材料上切削加工出圆孔的方法。在钻床上钻孔，工件固定不动，钻头旋转（主运动），主轴轴向向下移动做进给运动，如图 3—61 所示。钻孔属于粗加工，尺寸公差等级一般为 IT14 ~ IT11，表面粗糙度 Ra 值为 25 ~ 12.5 μm。

（1）麻花钻及其安装

麻花钻是钻孔的主要工具，其结构组成如图 3—62a 所示。麻花钻的前端为切削部分，有两个对称的主切削刃，如图 3—62b 所示。钻头的顶部有横刃，横刃的存在使钻削时轴向力增加。麻花钻有两条螺旋槽和两条刃带，螺旋槽的作用是形成切削刃、向孔外排屑和向孔内输送切削液；刃带的作用是引导钻头和减少与孔壁的摩擦。麻花钻的结构决定了它的刚度和导向性均比较差。

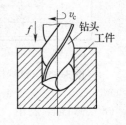

图 3—61　钻孔及钻削运动

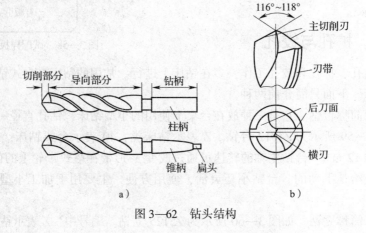

a)　　　　　　　　　　　b)

图 3—62　钻头结构

麻花钻头按尾部形状的不同，有不同的安装方法。柱柄钻头通常要用图 3—63 所示的钻夹头进行安装。锥柄钻头可以直接装入机床主轴的锥孔内。当钻头的锥柄小于机床主轴锥孔时，则需用图 3—64 所示的变锥套。由于变锥套要用于各种规格麻花钻的安装，所以变锥套一般需要数只。

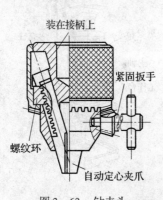

图 3—63　钻夹头

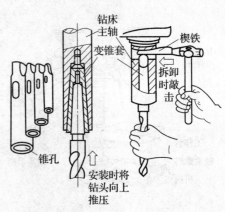

图 3—64　安装锥柄钻头

（2）工件安装

在台钻或立钻上钻孔，工件多采用手持虎钳（见图 3—65a）或机床用平口虎钳装夹，如图 3—65b 所示。对于不便于平口虎钳装夹的工件，可采用压板螺栓装夹，如图 3—65c 所示。工件在钻孔之前，一般要先按事先划好的线找正孔的位置。

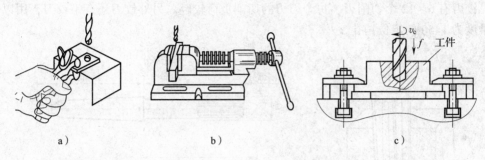

图 3—65　钻孔时工件安装

（3）钻孔方法

按划线找正钻孔时，一定要使麻花钻的钻尖对准孔中心的样冲眼。钻削开始时，要用较大的力向下进给，以免钻头在工件表面上来回晃动而不能切入，临近钻透时，压力要逐渐减小。若孔较深，要经常退出钻头以排除切屑和进行冷却，否则切屑堵塞在孔内易卡断钻头或因过热而加剧钻头的磨损。

2. 扩孔与锪孔

（1）扩孔

用扩孔钻对已钻出的孔做扩大加工称为扩孔（见图 3—66a）。扩孔所用的刀具是扩孔钻，如图 3—66b 所示。扩孔尺寸公差等级可达 IT10 ~ IT9，表面粗糙度 Ra 值可达 6.3 ~ 3.2 μm。扩孔可作为终加工，也可作为铰孔前的预加工。扩孔的加工余量为 0.5 ~ 4 mm。

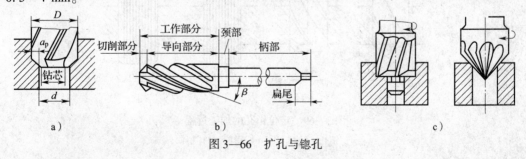

图 3—66　扩孔与锪孔

（2）锪孔

在孔表面用锪孔钻加工出一定形状的孔和凸台平面，称为锪孔。例如，锪圆柱形埋头孔、圆锥形埋头孔等，如图 3—66c 所示。

3. 铰孔

铰孔属于精加工，铰孔可分为粗铰和精铰。精铰如图 3—67 所示，其加工余量较小，只有 0.05 ~ 0.15 mm，尺寸公差等级可达 IT8 ~ IT7，表面粗糙度 Ra 值可达 0.8 μm。铰孔前工件应经过钻孔—扩孔（或镗孔）等加工。

（1）铰刀

铰刀有手用铰刀和机用铰刀两种，如图 3—68 所示。手用铰刀为直柄式，工作部分较长。机用铰刀多为锥柄式，可装在钻床、车床或镗床上铰孔。铰刀的工作部分由切削部分和修光部分组成。切削部分呈锥形，担负着切削工作；修光部分起着导向和修光作用。铰刀有 6 ~ 12 个切削刃，每个刀刃的切削负荷较轻。另外铰刀还有锥铰刀，用以铰削锥度为 1∶50 的定位销孔。

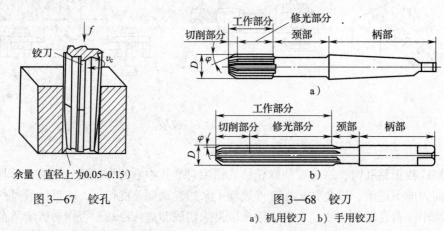

余量（直径上为 0.05~0.15）

图 3—67　铰孔

图 3—68　铰刀
a）机用铰刀　b）手用铰刀

（2）手铰圆柱孔的步骤和方法

1）根据孔径和孔的精度要求，确定孔的加工方法和工序间的加工余量。如图 3—69 所示为精度较高的 $\phi16$ mm 定位销孔的加工过程。顺序为钻孔、扩孔、粗铰、精铰。

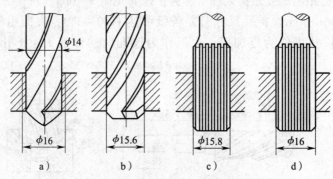

图 3—69　定位销孔的加工过程
a）钻孔　b）扩孔　c）粗铰　d）精铰

2）手铰时两手用力均匀，按顺时针方向转动铰刀并略微用力向下压，任何时候都不能倒转，否则切屑挤住铰刀划伤孔壁，并使铰刀刀刃崩裂，铰出的孔不光滑、不圆，也不准确。

3）铰孔过程中，如果转不动，不要硬扳，应小心地抽出铰刀，检查铰刀是否被切屑卡住或遇到硬点，否则会折断铰刀或使刀刃崩裂。

4）进给量的大小要适当、均匀，并不断地加冷却润滑液。

5）孔铰完后，要顺时针方向旋转退出铰刀。

（3）铰圆锥孔的方法

铰削直径小的锥销孔，可先按小头直径钻孔；对于直径大而深的锥销孔，可先钻出阶梯孔（见图 3—70），再用锥铰刀铰削。在铰削的最后阶段，要注意用锥销试配，以防将孔铰大。孔铰好之后，要擦洗干净。锥销放进孔内，用手按紧时，其头部应高于工件平面 3～5 mm，然后用铜锤轻轻敲紧。

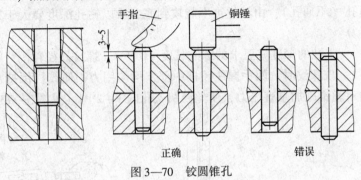

图 3—70　铰圆锥孔

六、攻螺纹与套螺纹

1. 攻螺纹

攻螺纹是用螺纹丝锥加工内螺纹的操作。

（1）丝锥和铰杠

丝锥的结构如图 3—71 所示。工作部分是一段开槽的外螺纹。丝锥的工作部分包括切削部分和校准部分。

手用丝锥一般由两支组成一套，分为头锥和二锥。两支丝锥的外径、中径和内径均相等，只是切削部分的长短和锥角不同。头锥较长，锥角较小，约有六个不完整的齿，以便切入。二锥短些，锥角大些，不完整的齿约为两个。

铰杠是扳转丝锥的工具，如图 3—72 所示。常用的是可调节式铰杠，以便夹持各种不同尺寸的丝锥。

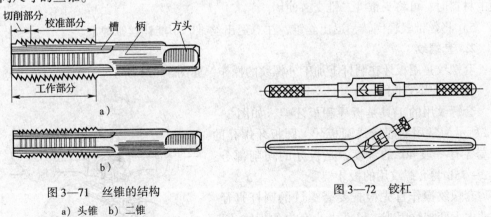

图 3—71　丝锥的结构

a）头锥　b）二锥

图 3—72　铰杠

（2）攻螺纹的操作步骤

1）钻孔。攻螺纹前要先钻孔，钻孔直径 D（mm）应略大于螺纹的内径，可查表或根据下列经验公式计算：

$$加工钢料及塑性金属时\ D = d - P$$
$$加工铸铁及脆性金属时\ D = d - 1.1\,P$$

式中　d——螺纹外径，mm；

　　　P——螺距，mm。

若孔为盲孔（不通孔），由于丝锥不能攻到底，所以钻孔深度要大于螺纹长度，其大小按下式计算：

$$孔的深度 = 要求的螺纹长度 + 0.7\,d（螺纹外径）$$

2）攻螺纹。攻螺纹时，两手握住铰杠中部，均匀用力，使铰杠保持水平转动，并在转动过程中对丝锥施加垂直压力，使丝锥切入孔内 1~2 圈（见图 3—73a）。

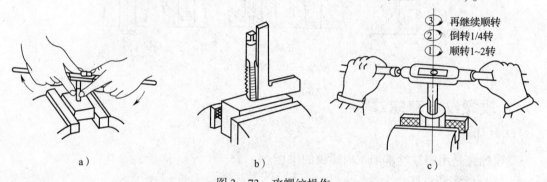

③ 再继续顺转
② 倒转1/4转
① 顺转1~2转

图 3—73　攻螺纹操作
a）对丝锥施加垂直压力　b）检查垂直度　c）深入攻螺纹

3）用 90°角尺检查丝锥与工件表面是否垂直。若不垂直，丝锥要重新切入，直至垂直，如图 3—73b 所示。

4）深入攻螺纹时，两手紧握铰杠两端，正转 1~2 圈后反转 1/4 圈，如图 3—73c 所示。在攻螺纹过程中，要经常用毛刷对丝锥加注机油。在攻不通孔螺纹时，攻前要在丝锥上做好螺纹深度标记。在攻螺纹过程中，还要经常退出丝锥，清除切屑。当攻比较硬的材料时，可将头锥、二锥交替使用。

5）将丝锥轻轻倒转，退出丝锥，注意退出丝锥时不能让丝锥掉下。

2. 套螺纹

套螺纹是用板牙在圆杆上加工外螺纹的操作，如图 3—74 所示。

（1）套螺纹工具

套螺纹用的工具是板牙和板牙架，如图 3—75a 所示为常用的固定式圆板牙，圆板牙螺孔的两端各有一段 40°的锥度，是板牙的切削部分；图 3—75b 为套螺纹用的板牙架。

套螺纹操作首先检查要套螺纹的圆杆直径，尺寸太大套螺纹困难，尺寸太小套出的螺纹牙齿不完整。圆杆直径可用下列经验公式计算：

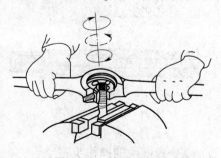

图 3—74　套螺纹操作

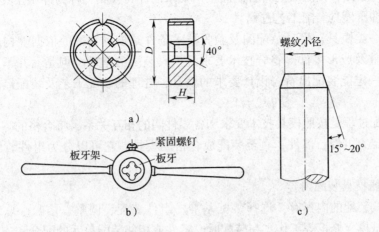

图 3—75 固定式圆板牙

$$d_0 \ （圆杆直径）=D \ （螺纹大径）-0.2P \ （螺距）$$

（2）套螺纹的操作步骤

选择套螺纹的圆杆，圆杆的端部必须倒角，如图 3—75c 所示。套螺纹时板牙端面必须与圆杆严格保持垂直，开始转动板牙架时，要适当加压，套入几圈后，只需转动，不必加压，而且要经常反转，以便断屑。套螺纹时可加机油润滑。

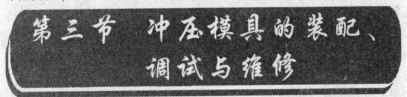

→ 熟悉模具的装配过程，并能按要求进行模具的装配

→ 掌握单工序冲压模具试模的要求，初步掌握试模过程的基本要领

→ 熟悉单工序冲压模具维修的基本要求

一、冲压模具的装配

模具装配是模具制造过程的最后阶段，装配质量的好坏将影响模具的精度、使用寿命和各部分的功能。要制造出一副合格的冲压模具，除了保证零件的加工精度外，还必须做好模具的装配工作。同时模具装配阶段的工作量比较大、对模具工的技术要求比较高，模具的装配将影响模具的生产制造周期和生产成本。

1. 冲压模具装配的内容和特点

根据冲压模具装配图样和技术要求，将模具的零部件按照一定工艺顺序进行配合、定位、连接与紧固，使之成为符合制品生产要求的冲压模具，称为冲压模具装配。其装配过程称为冲压模具装配工艺过程。

不管哪一类模具，模具装配图及验收技术条件是模具装配的依据。构成模具的标准件、通用件及成形零件等符合技术要求是模具装配的基础。但是，并不是有了合格的零件，就一定能装配出符合设计要求的模具，合理的装配工艺及装配经验也是很重要的。

模具装配过程是按照模具技术要求和各零件间的相互关系，将合格的零件按一定的顺序连接固定为组件、部件，直至装配成合格的模具。它可以分为组件装配和总装配等。

（1）冲压模具装配内容

冲压模具装配的内容有：选择装配基准、组件装配、调整、修配、总装、研磨抛光、检验和试模、修模等工作。在装配时，零件或相邻装配单元的配合和连接，必须按照装配工艺确定的装配基准进行定位与固定，以保证它们之间的配合精度和位置精度，从而保证模具零件间精密均匀的配合，模具开合运动及其他辅助机构（如卸料、导向等）运动的精确性。实现保证成形制件的精度和质量，保证模具使用性能和寿命。通过模具装配和试模也将考核制件的成形工艺、模具设计方案和模具制造工艺编制等工作的正确性和合理性。

（2）模具装配工艺规程

模具装配工艺规程是指导模具装配的技术文件，是制订模具生产计划和进行生产技术准备的依据。模具装配工艺规程的制定是根据模具种类和复杂程度、各单位的生产组织形式和习惯做法，视具体情况可简可繁。模具装配工艺规程包括模具零件和组件的装配顺序，装配基准的确定，装配工艺方法和技术要求，装配工序的划分以及关键工序的详细说明，必备的二级工具和设备，检验方法和验收条件等。

（3）模具装配的特点

模具装配属单件装配生产类型，特点是工艺灵活性大，大都采用集中装配的组织形式。模具装配的全过程，都是由一个工人或一组工人在固定的地点来完成。模具装配手工操作比重大，要求工人有较高的技术水平和多方面的工艺知识。

2. 冲压模具装配精度的要求

冲压模具的装配精度是确定模具零件加工精度的依据。一般由设计人员根据产品零件的技术要求、生产批量等因素确定。根据冲压模具零件的分类，冲压模具的装配精度可以分为模架的装配精度、成形零件的装配精度以及其他零件的装配精度。模具装配精度包括以下几个方面的内容。

（1）相关零件的位置精度

例如，定位销孔与型孔的位置精度；上、下模之间的位置精度；凸模、凹模型孔之间的位置精度；型孔与型孔间的位置精度等。

（2）相关零件的运动精度

它包括直线运动精度、圆周运动精度及传动精度。例如，导柱和导套之间的配合状态，顶块和卸料装置的运动是否灵活可靠，送料装置的送料精度。

（3）相关零件的配合精度

相互配合零件的间隙或过盈量是否符合技术要求，例如，冲裁模具凸模与凹模的冲裁间隙，卸料板与凸模的配合间隙等。

（4）相关零件的接触精度

例如，冲压模具导柱与导套的配合间隙大小是否符合技术要求，弯曲模、拉深模的上下成形面的吻合一致性等。

模具装配精度的具体技术要求参考相应的模具技术标准。

3. 模具装配的工艺方法及工艺过程

模具装配的工艺方法有互换装配法和非互换装配法。由于模具生产属单件生产，又具有成套性和装配精度高的特点，所以目前模具装配以非互换法为主。随着模具技术和设备的现代化，模具零件制造精度将逐渐满足互换法的要求，互换法的应用将会越来越多。

在学习模具装配方法之前，首先了解装配尺寸链的概念。

（1）装配尺寸链

任何产品都是由若干零、部件组装而成的。为了保证产品质量，必须在保证各个零部件质量的同时，保证这些零、部件之间的尺寸精度、位置精度及装配技术要求。无论是产品设计还是装配工艺的制定以及解决装配质量问题等，都要应用装配尺寸链的原理。

装配尺寸链是指在产品的装配关系中，由相关零件的尺寸（表面或轴线间的距离）或相互位置关系（同轴度、平行度、垂直度等）所组成的尺寸链。其特征是封闭性，即组成尺寸链的有关尺寸按一定顺序首尾相连接构成封闭图形，没有开口，如图 3—76 所示为冲压模具卸料装置的装配。组成装配尺寸链的每一个尺寸称为装配尺寸链环，图示共有 5 个尺寸链环，如图 3—76b 所示。尺寸链环可分为封闭环和组成环两大类。其中，装配尺寸链的封闭环就是装配后的精度和技术要求。这种要求是通过将零件、部件等装配好以后才最后形成和保证的，是一个结果尺寸或位置关系。在装配关系中，与装配精度要求发生直接影响的那些零件、部件的尺寸和位置关系，是装配尺寸链的组成环，组成环分为增环和减环。

1）封闭环的确定。在装配过程中，间接得到的尺寸称为封闭环，它往往是装配精度要求或是技术条件要求的尺寸，用 A_0 表示。在尺寸链的建立中，首先要正确地确定封闭环，封闭环找错了，整个尺寸链的解也就错了。

2）组成环的查找。在装配尺寸链中，直接得到的尺寸称为组成环，用 A_i 表示，如图 3—76 中的 A_1、A_2、A_3、A_4。由于尺寸链是由一个封闭环和若干个组成环所组成的封闭图形，故尺寸链中组成环的尺寸变化必然引起封闭环的尺寸变化。当某个组成环尺寸增大（其他组成环尺寸不变），封闭环尺寸也随之增大时，则该组成环为增环，以 $\vec{A_i}$ 表示，如图 3—76 中的 A_3、A_4。当某个组成环尺寸增大（其他组成环不变），封闭环尺寸随之减小时，则该组成环称为减环，用 $\overleftarrow{A_i}$ 表示，如图 3—76 中的 A_1、A_2。

为了快速确定组成环的性质，可先在尺寸链图上平行于封闭环，沿任意方向画一箭头，然后沿此箭头方向环绕尺寸链一周，平行于每一个组成环尺寸依次画出箭头，箭头指向与封闭环相反的组成环为增环，箭头指向与封闭环相同的为减环，如图3—76b所示。

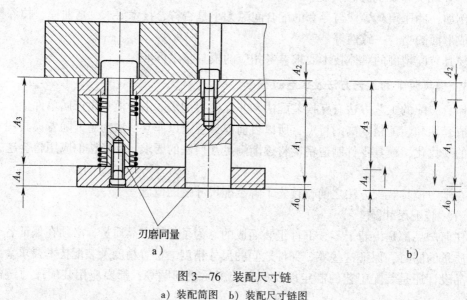

图3—76 装配尺寸链
a）装配简图 b）装配尺寸链图

（2）装配尺寸链计算的基本公式

计算装配尺寸链的目的是求出装配尺寸链中某些环的基本尺寸及其上、下偏差。生产中一般采用极值法，其基本公式如下：

$$A_0 = \sum_{i=1}^{m} \vec{A}_i - \sum_{i=m+1}^{n-1} \overleftarrow{A}_i \tag{3—1}$$

$$A_{0max} = \sum_{i=1}^{m} \vec{A}_{i\ max} - \sum_{i=m+1}^{n-1} \overleftarrow{A}_{i\ min} \tag{3—2}$$

$$A_{0min} = \sum_{i=1}^{m} \vec{A}_{i\ min} - \sum_{i=m+1}^{n-1} \overleftarrow{A}_{i\ max} \tag{3—3}$$

$$B_s A_0 = \sum_{i=1}^{m} B_s \vec{A}_i - \sum_{i=m+1}^{n-1} B_x \overleftarrow{A}_i \tag{3—4}$$

$$B_x A_0 = \sum_{i=1}^{m} B_x \vec{A}_i - \sum_{i=m+1}^{n-1} B_s \overleftarrow{A}_i \tag{3—5}$$

$$T_0 = \sum_{i=1}^{n-1} T_i \tag{3—6}$$

$$A_{0m} = \sum_{i=1}^{m} \vec{A}_{i\ m} - \sum_{i=m+1}^{n-1} \overleftarrow{A}_{im} \tag{3—7}$$

式中 n——包括封闭环在内的尺寸链总环数；

m——增环的数目；

$n-1$——组成环（包括增环和减环）的数目。

上述公式中用到尺寸及偏差或公差符号见表3—2。

表 3—2　　　　　　　　　　工艺尺寸链的尺寸及偏差符号

环名	符号名称						
	基本尺寸	最大尺寸	最小尺寸	上偏差	下偏差	公差	平均尺寸
封闭环	A_0	$A_{0\,max}$	$A_{0\,min}$	$B_s A_0$	$B_x A_0$	T_0	$A_{0\,m}$
增环	$\vec{A}_i$	$\vec{A}_{i\,max}$	$\vec{A}_{i\,min}$	$B_s \vec{A}_i$	$B_x \vec{A}_i$	$\vec{T}_i$	$\vec{A}_{im}$
减环	$\overleftarrow{A}_i$	$\overleftarrow{A}_{i\,max}$	$\overleftarrow{A}_{i\,min}$	$B_s \overleftarrow{A}_i$	$B_x \overleftarrow{A}_i$	$\overleftarrow{T}_i$	$\overleftarrow{A}_{im}$

（3）非互换装配法

在单件小批生产中，当装配精度要求高时，如果采用完全互换法，则相关零件的要求很高，这对降低成本不利。在这种情况下，通常选择非互换性装配法。非互换性装配法主要有修配法和调整装配法。模具的装配常采用修配法。

1）修配装配法。修配法是在某零件上预留修配量，装配时根据实际需要修整预修面来达到装配要求的方法。修配法的优点是能够获得很高的装配精度，而零件的制造精度可以放宽。缺点是装配中增加了修配工作量，工时多且不易预先确定，装配质量依赖工人的技术水平，生产效率低。

如图 3—77 所示是一凸模及凸模固定板组件的修配法。凸模压入凸模固定板后要求上面高出凸模固定板 0.02 ~ 0.03 mm。凸模压入凸模固定板之后，在平面磨床上将凸模台阶平面和凸模固定板平面一起磨平，使之达到装配要求。

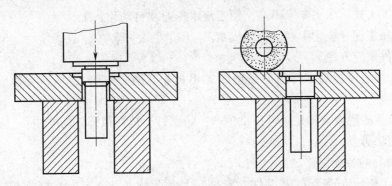

图 3—77　凸模及凸模固定板组件的修配法

采用修配法时应注意以下几个问题。

①应正确选择修配对象。即选择那些只与本装配精度有关，而与其他装配精度无关的零件作为修配对象。然后再选择其中易于拆装且修配面不大的零件作为修配件。

②应通过尺寸链计算。合理确定修配件的尺寸和公差，既要保证它有足够的修配量，又不要使修配量过大。

③应考虑用机械加工方法来代替手工修配，如用手持电动或气动修配工具。

2）调整装配法。将各相关模具零件按经济加工精度制造，在装配时通过改变一个零件的位置或选定适当尺寸的调节件（如垫片、垫圈、套筒等）加入到尺寸链中进行补偿，以达到规定装配精度要求的方法称为调整装配法。

例如，在装配卸料板的卸料螺钉时，根据预装配时对凸模固定板的下平面与卸料板上平面间的平行度的测量结果，由于卸料螺钉长度的制造误差造成平行度误差较大时，可从一套不同厚度的调整垫片中，选择一个适当厚度的调整垫片进行装配，从而达到平行度的要求。

调整法的优点是在各组成环按经济加工精度制造的条件下，能获得较高的装配精度；不需要做任何修配加工，还可以补偿因磨损和热变形对装配精度的影响。

缺点是需要增加尺寸链中零件的数量，装配精度依赖工人的技术水平。

（4）互换装配法

装配时，各个配合的模具零件不经选择、修配、调整，组装后就能达到预先规定的装配精度和技术要求的装配方法称互换装配法。它是利用控制零件的制造误差来保证装配精度的方法。其原则是各有关零件公差之和小于或等于允许的装配误差。用公式表示如下：

$$\delta_\Delta \geqslant \sum_{i=1}^{n} \delta_i$$

式中　δ_Δ——装配允许的误差（公差）；

　　　δ_i——各有关零件的制造公差。

在这种装配中，零件是可以完全互换的。互换法的优点如下。

1）装配过程简单，生产效率高。

2）对工人技术水平要求不高，便于流水作业和自动化装配。

3）容易实现专业化生产，降低成本。

4）备件供应方便。

但是互换法将提高零件的加工精度（相对非互换装配法），同时要求管理水平较高。

由于模具的制造大多是单件小批生产，除螺钉、销钉和模具标准件外，其余的采用非互换装配法居多。

（5）模具的装配工艺过程

在总装前应选好装配的基准件，安排好上、下模（动、定模）装配顺序。如以导向板作基准进行装配时，应通过导向板将凸模装入固定板，然后通过上模配装下模。在总装时，当模具零件装入上下模板时，先装作为基准的零件，检查无误后打入销钉，再拧紧螺钉。其他零件以基准件配装，但不要拧紧螺钉，待调整间隙试冲合格后再紧固。

型腔模往往先将要淬硬的主要零件（如动模）作为基准，全部加工完毕后再分别加工与其有关联的其他零件。然后加工定模和固定板的四个导柱孔、组合滑块、导轨及型芯等零件，配镗斜导柱孔，安装好顶杆和顶板。最后将动模板、垫板、垫块、固定板等总装起来。模具的装配工艺过程如图3—78所示。

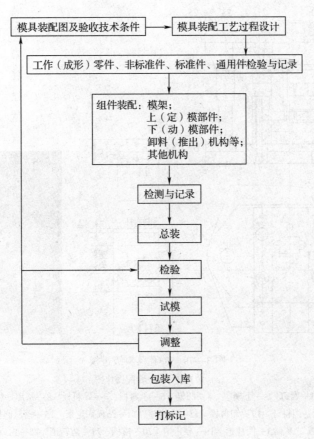

图 3—78　模具装配工艺过程

二、冲压模具的装配工艺过程

冲压模具装配是按照冲压模具的设计图样和装配工艺规程，把各组成冲压模具的各个零件连接并固定起来，达到符合生产技术和生产要求的冲压模具，如图 3—79 所示。其装配的整个过程称为冲模装配工艺过程，要完成模具的装配须做好以下几个环节的工作。

1．准备工作

（1）分析阅读装配图和工艺过程

通过阅读装配图，了解模具的功能、原理、结构特征及各零件间的连接关系；通过阅读工艺规程了解模具装配工艺过程中的操作方法及验收等内容，从而清晰地知道该模具的装配顺序、装配方法、装配基准、装配精度，为装配模具构思出一个切实可行的装配方案。

（2）清点零件、标准件及辅助材料

按照装配图上的零件明细表，首先列出加工零件清单，领取相应的零件并进行清洗整理，特别是对凸、凹模等重要零件应进行仔细检查，以防出现加工、裂纹等缺陷影响装配；其次列出标准件清单，准备所需的销钉、螺钉、弹簧、垫片及导柱、导套、模板等零件；再列出辅助材料清单，准备好橡胶、铜片、低熔点合金、环氧树脂、无机黏结剂等。

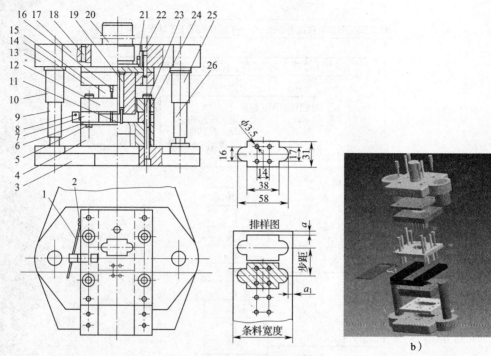

图 3—79 冲孔落料级进模

a）装配图 b）装配爆炸图

1—簧片 2、5、24—螺钉 3—下模座 4—凹模 6—承料板 7—导料板 8—始用导料钉 9、26—导柱
10、25—导套 11—挡料钉 12—卸料板 13—上模座 14—凸模固定板 15—落料凸模 16—冲孔凸模
17—垫板 18、23—圆柱销 19—导正销 20—模柄 21—防转销 22—内六角螺钉

（3）布置装配场地

整洁的装配场地是安全文明生产不可缺少的条件，所以需将划线平台和钻床等设备清理干净，还得将所需待用的工具、量具、刀具及夹具等工艺装备摆放整齐。

2. 装配工作

由于模具属于单件小批生产，所以在装配过程中通常集中在一个地点装配，按装配模具的结构内容可分为组件装配和总体装配。

（1）组件装配

组件装配是把两个或两个以上的零件按照装配要求使之成为一个组件的局部装配工作，简称组装。如冲模中的凸（凹）模与固定板的组装、顶料装置的组装等。这是根据模具结构复杂的程度和精度要求进行的，对整体模具的装配、减小累积误差起到一定的作用。

（2）总体装配

总体装配是把零件和组件通过连接或固定，而成为模具整体的装配工作，简称总装。总装要根据装配工艺规程安排，依照装配顺序和方法进行，保证装配精度，达到规定技术指标。

3. 检验

检验是一项重要不可缺少的工作，它贯穿于整个工艺过程之中，在单个零件加工之后、组件装配之后以及总装配完工之后，都要按照工艺规程的相应技术要求进行检验，其目的是控制和减小每个环节的误差，最终保证模具整体装配的精度要求。

模具装配完工后经过检验、认定，在质量上没有问题，这时可以安排试模，通过试模验证设计与加工等技术上是否存在问题，并随之进行相应的调整或修配，直至使制件产品达到质量标准时，模具才算合格。

三、冲压模具零件的组件装配

1. 模柄的装配

模柄是中、小型冲压模具用来装夹模具与压力机滑块的连接件，它是装配在上模座板中，常用的模柄装配方式如下。

（1）压入式模柄的装配

压入式模柄的装配如图3—80所示，它与上模座孔采用 H7/m6 过渡配合并加销钉（或螺钉）防止转动，装配完后将端面在平面磨床上磨平。该模柄结构简单、安装方便、应用较广泛。

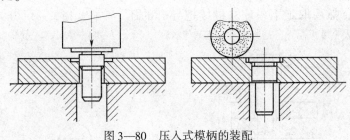

图3—80 压入式模柄的装配

（2）旋入式模柄的装配

旋入式模柄的装配如图3—81所示，它通过螺纹直接旋入上模座板上而固定，用紧固螺钉防松，装卸方便，多用于一般冲模，该模柄旋入后要并入防转元件（如防转销）。

（3）凸缘模柄的装配

凸缘模柄的装配如图3—82所示，它利用3～4个螺钉固定在上模座的沉孔内，其螺顶头部不能高于上模座上平面，它多用于较大的模具。

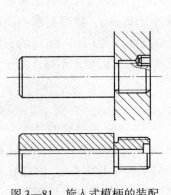

图3—81 旋入式模柄的装配

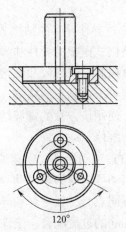

120°

图3—82 凸缘模柄的装配

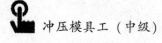

以上三种模柄装入上模座后必须保持模柄圆柱面与上模座上平面的垂直度，其误差不大于 0.05 mm。

2. 模架的导柱和导套的装配

（1）压入法装配

1）导柱的装配如图 3—83 所示，它与下模座孔采用 H7/r6 过渡配合。压入时要注意校正导柱对模座底面的垂直度。注意控制压到底面时留出 1～2 mm 的间隙。

2）导套的装配如图 3—84 所示，它与上模座孔采用 H7/r6 过渡配合。压入时是以下模座和导柱来定位的，并用千分表检查导套压配部分的内外圆的同轴度，并使 Δ_{max} 值放在两导套中心连线的垂直位置上，减小对中心距的影响。达到要求时将导套部分压入上模座，然后取走下模座，继续把导套的压配部分全部压入。

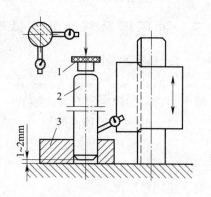

图 3—83　压入导柱

1—压块　2—导柱　3—下模座

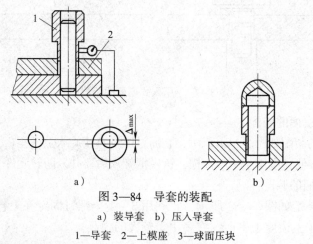

a）　　　　　　　　　　b）

图 3—84　导套的装配

a）装导套　b）压入导套

1—导套　2—上模座　3—球面压块

（2）导柱导套的粘接装配

粘接式模架的导柱和导套（或衬套）以粘接的方式与模座固定。粘接材料一般采用环氧树脂、厌氧胶和低熔点合金等。冲裁材料厚度小于 2 mm、精度要求不高的中小型模架可采用黏结剂粘接（见图 3—85）或低熔点合金浇注（见图 3—86）的方法进行装配。使用该方法的模架结构简单，模架的上、下模座孔的加工要求不高，便于冲模的装配与维修。

（3）滚动导柱、导套的装配

滚动导向模架与滑动导向模架的结构基本相同，所以导柱和导套的装配方法也相同。不同点是，在导套和导柱之间装有滚珠（柱）和滚珠（柱）夹持器，形成 0.01～0.02 mm 的过盈配合。滚珠的直径为 3～5 mm，直径公差为 0.003 mm。滚珠（柱）夹持器的材料采用黄铜（或含油性工程塑料）制成，装配时它与导柱、导套壁之间各有

0.35~0.5 mm 的间隙。

滚珠装配的方法如下。

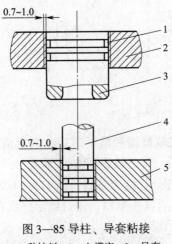

图3—85 导柱、导套粘接

1—黏结剂 2—上模座 3—导套

4—导柱 5—下模座

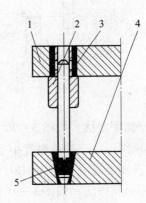

图3—86 低熔点合金浇注模架

1—上模座 2—导套 3—导柱

4—下模座 5—低熔点合金

1）在夹持器上钻出特定要求的孔，如图3—87所示。

2）装配符合要求的滚珠（采用选配）。

3）使用专用夹具和专用铆口工具进行封口，要求滚珠转动灵活自如。

3. 凸模、凹模组件的装配

凸模、凹模在固定板上的装配属于组装，是冲模装配中的主要装配工序，其装配质量直接影响到冲压模具的使用寿命和冲模的精度。凸模、凹模装配的关键在于凸模、凹模的固定与凸模、凹模间隙的控制。

（1）凸模的固定方法

1）压入固定法。如图3—88所示，将凸模直接压入到固定板的孔中，这是装配中应用最多的一种方法，装配时要检查凸模压入固定板的垂直度，如图3—89a所示，两者的配合常采用 H7/n6 或 H7/m6。装配后将固定板的上平面与凸模尾部一同磨平（见图3—89b），为了保证凸模的锋利程度，还需将凸模工作端面磨平，如图3—89c所示。

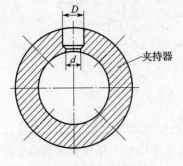

图3—87 滚珠装配钻孔

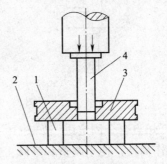

图3—88 凸模压入法

1—等高垫块 2—平台 3—固定板 4—凸模

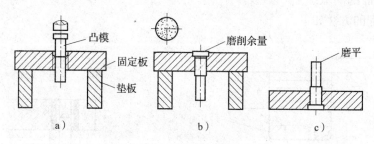

图 3—89 凸模的装配过程

2）铆接固定法。如图 3—90 所示，凸模尾端被锤和凿子铆接在固定板的孔中，常用于模具精度不高、冲裁厚度小于 2 mm 的冲模。该方法装配精度不高，凸模尾端可不经淬硬或淬硬不高（低于 30HRC）。凸模工作部分长度应是整长的 1/3 ~ 1/2。

3）螺钉紧固法。如图 3—91 所示，将凸模直接用螺钉、销钉固定到模座或垫板上，要求牢固，不许松动，该方法常用于大、中型凸模的固定。

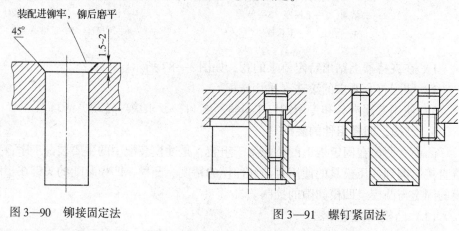

图 3—90 铆接固定法　　　　　　　　　　　图 3—91 螺钉紧固法

对于快换式冲小孔凸模、易损坏的凸模常采用侧压螺钉紧固，如图 3—92 所示。

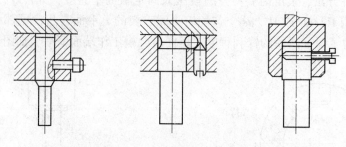

图 3—92 侧压螺钉紧固形式

4）低熔点合金固定法。如图 3—93 所示，将凸模尾端被低熔点合金浇注在固定板孔中，操作简便，便于调整和维修，被浇注的型孔及零件加工精度要求较低，该方法常用于复杂异形和对孔中心距要求高的多凸模的固定，减轻了模具装配中各凸、凹模的位置精度和间隙均匀性的调整工作。低熔点合金的配方参见有关设计手册。

5）环氧树脂黏结剂固定法。如图 3—94 所示，将凸模尾端在固定板孔中被环氧树脂固牢，具有工艺简单、黏结强度高、不变形，但不宜受较大的冲击，只适用于冲裁厚度小于 2 mm 的冲模。

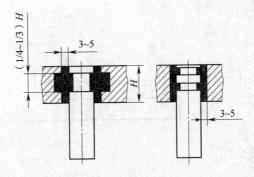

图 3—93　低熔点合金固定形式

6）无机黏结剂固定法。如图 3—95a 所示，黏结剂是由氢氧化铝的磷酸溶液与氧化铜粉末混合，将凸模黏结在凸模固定板上，具有操作简单、粘接强度高、不变形、耐高温及不导电的特点，但本身有脆性，不宜受较大的冲击力，常用于冲裁薄板的冲模。无机黏结剂的配方参考有关手册。如图 3—95b 所示为黏结时的定位方法。

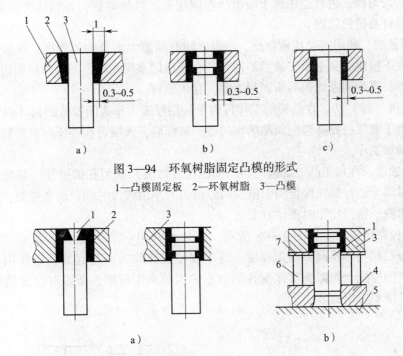

图 3—94　环氧树脂固定凸模的形式
1—凸模固定板　2—环氧树脂　3—凸模

图 3—95　无机黏结剂固定凸模的方法
1—凸模　2—无机黏结剂　3—凸模固定板　4—凹模　5—平台　6—等高铁块　7—挡板

（2）凹模的装配及凸模、凹模间隙的控制

为了保证冲压模具的装配质量和精度，在装配时必须控制其凸模、凹模的正确位置和间隙均匀，常用的控制方法有以下几种。

1）垫片法。如图 3—96 所示，在凹模刃口周边适当部位放入金属垫片，其厚度等于单边间隙值，在装配时，按图样要求及结构情况确定安装顺序。一般先将下模座与凹模用螺钉、销钉紧固；然后使凸模进入相应的凹模型腔内并用等高垫块垫起摆平。这时，用锤子轻轻敲打凸模固定板，使凸模、凹模间隙均匀，垫片松紧度一致。调整完后，再将上模座与凸模固定板紧固。该方法常用于间隙偏大的冲模。

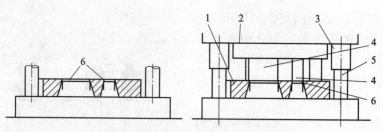

图 3—96　用垫片控制凹模刃口处间隙

a）放垫片　b）合模效果调整

1—凹模　2—凸模固定板　3—导套　4—凸模　5—导套　6—垫片

2）透光法。如图 3—97 所示，凭眼睛观察从间隙中透过光线的强弱来判断间隙的大小和均匀性。装配时，用手电筒或手灯照射凸模、凹模，并在下模漏料孔中仔细观察透过光线的均匀性，边看边用锤子敲击凸模固定板，进行调整，直到认为合适时即可，再将上模螺钉及销钉紧固。

3）测量法。利用塞尺片检查凸、凹模之间的间隙大小及均匀程度，在装配时，将凹模紧固在下模座上，上模安装后不固紧。合模后用塞尺在凸、凹模刃口周边检测，进行适当调整，直到间隙均匀后再固紧上模，穿入销钉。

4）镀铜（锌）法。在凸模的工作段镀上一层厚度为单边间隙值的铜（或锌）来代替垫片。由于镀层可提高装配间隙的均匀性，装配后，镀层可在冲压时自然脱落，效果较好，但增加工序。

5）酸蚀法。在加工凸、凹模时将凸模的尺寸做成凹模型孔的尺寸。装配完后再将凸模工作段部分进行腐蚀保证间隙值，间隙值的大小由酸蚀时间长度来控制，腐蚀后一定要用清水洗干净，操作时要注意安全。

6）定位器定位法。如图 3—98 所示，在装配时用一个工艺定位器（二类工艺装备）来保证凸模与凹模间隙均匀程度，这不仅使间隙均匀而且起到稳定作用，该定位器是按凸、凹模配合间隙为零来配作的，在一次装夹中成形，所以对位置精度要求高时，是一种简单实用的方法。

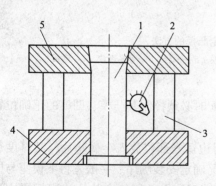

图 3—97　透光法调整间隙

1—凸模　2—光源　3—垫块

4—固定板　5—凹模

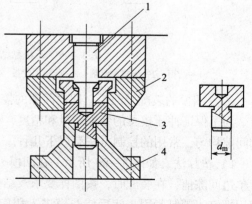

图 3—98　定位器调整间隙

1—凸模　2—凹模　3—定位器　4—凸凹模

四、冲压模具总装配

冲压模具的主要组件装配完毕后开始进行模具的总装配。在装配前首先检查模架的导柱、导套的活动是否顺畅和模座上、下平面的平行度是否符合要求；其次是确定上、下模座的相关孔洞的加工方法。

上下模座相关孔洞的加工方法一般有两种：一种是配作法，即将凹模或固定板用平行夹装夹在上模座或下模座上，然后根据凹模或固定板上的相关孔洞，在上模座或下模座上以引钻或划线的方式加工出相关孔或洞穴，用这种配作方法加工的孔位置比较有保证。但是，由于是在装配过程中加工相关孔或洞穴，与装配工序会有交叉，装配效率较低。另一种是分别加工法，即上、下模座上所有的孔洞，先根据图样要求划线并加工完成，然后再进行装配，这种装配方法效率较高。但如果方法运用不当很容易造成上、下模孔洞错位而无法装配。目前在市场供应的冲模模架中，模架的上、下模座没有统一的基准，如何保证上、下模座划线准确是关键。

1. 装配顺序的确定

为了使凸模和凹模易于对中，总装时必须考虑上、下模的装配次序，否则可能出现无法装配的情况。上、下模的装配次序与模具结构有关，通常是看上、下模中哪个位置所受的限制大就先装，再用另一个去调整适应。根据这个道理，一般冲裁模的上、下模装配次序可按下面的原则来选择。

（1）对于无导柱模具，凸、凹模的间隙是在模具安装到机床上时进行调整的，上、下模的装配次序没有严格的要求，可以分别进行装配。

（2）对于有导柱、导套导向且凹模装在下模座的单工序模具，一般先装下模。

（3）对于有导柱、导套导向的复合模，一般先装凸凹模。

2. 模具装配

下面以"配作法"为例来介绍落料冲孔倒装复合模的装配。

（1）凸凹模的装配

将装好凸凹模的固定板组件，放在下模座适当的位置上，用平行夹夹紧，引钻下模座螺钉过孔及沉孔、卸料螺钉过孔。并根据所测量下模座板的厚度来确定沉孔深度和加工出漏料孔，然后将凸凹模固定在下模座上。

（2）配作凹模、凸模的固定板及上模座的所有孔洞

将凹模套入凸凹模上，并在凹模与固定板之间垫上适当高度的平行垫块来支承凹模，然后将装好凸模及固定板组件，插入凸凹模孔内，之后再装上模座，用平行夹将凹模及凸模固定板与上模座夹紧，如图3—99所示，引钻螺钉孔和螺钉过孔及沉孔，根据凸模的位置，确定并加工出打板孔穴和打料杆过孔，同时根据压力的中心位置来确定模柄的位置并引钻出打杆过孔。

（3）配作模柄螺孔

用打杆孔作定位基准，在上模座上配作模柄固定螺纹底孔并攻螺纹。

（4）凸模装配

将加工好螺孔及过孔的凸模及凸模固定板组件插入凸凹模孔内，在两固定板之间垫

上适当高度的平行垫块支承凸模固定板然后盖上上模座并用两个螺钉轻轻收紧，调整凸模与凸凹模的间隙。调好后收紧螺钉固定。

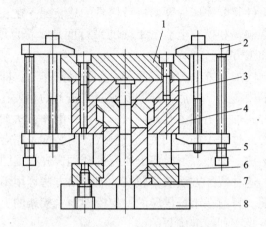

图3—99　凸、凹模的装配

1—上模座　2—平行夹　3—凸模固定板　4—凹模
5—平行垫块　6—凸模　7—凸凹模固定板　8—下模座

（5）凹模装配

将凹模套入凸凹模，并在凹模与固定板之间垫上适当高度的平行垫块，支承住凹模，装入打料板，然后再装上调整好凸模间隙的上模座组件，轻轻收紧螺钉，调整凹模与凸凹模的冲裁间隙，然后将凹模固定在上模上。

（6）销钉装配

将调好间隙后的凸模、凹模、凸凹模，分别与上、下模座一起配加工的销钉孔，再装入销钉。

（7）上模装配

在上模内装入打料杆、打板、打杆，装上模柄并固定好。

（8）下模装配

在下模内装入卸料弹簧（或橡胶）、在卸料板上装上导料钉、挡料钉及弹簧，然后套入凸凹模，拧上卸料螺钉，卸料板上平面应与模座平面平行，并应高出凸凹模平面0.5~0.8 mm，否则要修整卸料螺钉长度。

（9）入库待试模

模具在装配好后，如图3—100所示，将其打上标记，并在各活动部位和工作部位涂上润滑机油，合上上模，入库待试模。

3. 冲裁模装配实例

如图3—101所示为弹性卸料落料模，其装配过程可按如下步骤进行。

（1）装配前准备工作，分析阅读装配总图

1）通过读图领取或整理所需要的标准模架、标准件。

2）通过读图可以知道各零件的连接关系，确定凹模在模架上的装配位置，尽量保证压力中心位置在冲压中心。

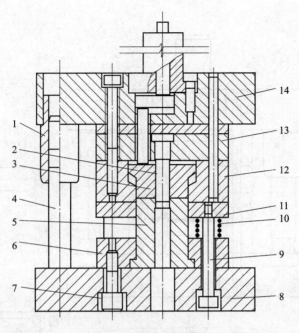

图 3—100 复合模装配

1—导套 2—冲孔凸模 3—推件块 4—导柱 5—凸凹模 6—凸凹模固定板 7—螺钉 8—下模座
9—卸料螺钉 10—卸料弹簧 11—卸料板 12—凹模 13—凸模固定板 14—上模座

3）考虑装配时如何保证凸模与凹模间隙的均匀程度。

4）按明细表清点装配零件，并对凸、凹模等主要零件进行直观检查，保证装配质量，然后领取其他辅助物料、标准件。

5）清理装配工作台面和各类工具及工艺装备等。

（2）装配凸模、固定板为一个组件

1）把凸模压入到固定板中，并铆接。

2）铆接之后把凸模末端的大平面磨平，保证接触面的平面度、表面粗糙度的要求。

（3）装配凹模与下模座

1）确定好凹模对下模座的位置。

2）凹模与下模座配钻、铰定位销孔，完工之后打入定位销。

3）在凹模与下模板配钻出螺钉孔，凹模扩成螺钉过孔，下模板攻螺纹，完工之后旋入螺钉并紧固。

4）以下模座的底平面定位，平磨凹模刃口，保证刃口面的装配要求。

（4）装配上模座

1）在凹模刃口周边放上适当厚度的金属片，控制单边的间隙。

2）把凸模组件的凸模刃口平放入凹模型腔中 3～4 mm，用等高铁垫平面。

3）检查凸、凹模之间的间隙情况，保证均匀即可。

4）把上模座的导套对正下模座的导柱轻轻合上，平放在垫板上。

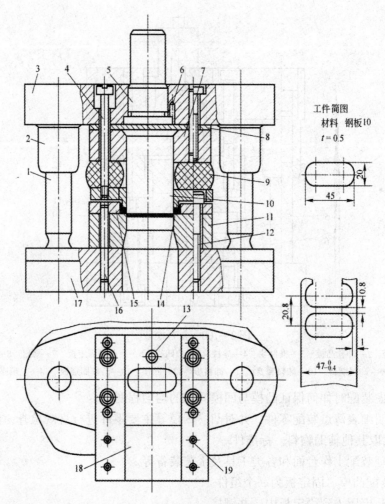

工件简图
材料 钢板10
$t = 0.5$

图3—101 弹性卸料落料模

1—导柱 2—导套 3—上模座 4—卸料螺钉 5—模柄 6—防转销 7—凸模固定板
8—垫板 9—橡胶垫 10—凸模 11—凹模 12、19—螺钉 13—挡料钉 14—弹压卸料板
15—侧面导料板 16—销钉 17—下模座 18—承料板

5）观察没有问题后，将整个模座压紧在工作台面上。

6）配钻、铰上模座板与固定板的定位圆销孔，完工之后打入定位销。

7）配钻、攻固定板上的螺孔及上模板上的沉头过孔，完工之后旋入螺钉并紧固。

8）以上模座板的上平面定位，平磨凸模的刃口，达到装配要求。

（5）装配卸料装置

1）把卸料板套入凸模上并压紧，配钻、攻卸料板上的螺孔和扩上模板上的沉头过孔。

2）以卸料板为样板做出橡胶块上的型腔和圆孔。

3）通过螺栓把橡胶块、卸料板连接到上模座上。

（6）装配其他零件

1）将导料板与凹模配合加工销孔和螺纹过孔。

2）把挡料销轻压入凹模孔中。

（7）检验，试冲

五、冲压模具的试模

1. 冲模的安装与使用

冲压模具装配后，必须要在生产条件下进行安装并试模。冲模的调试及批量生产冲压件，都必须正确安装在指定的压力机上进行。在试冲的过程中，发现问题并及时修正，才能使模具正常使用。

（1）冲模的安装要求

冲模的安装是否正确合理，不仅影响冲压件的质量，而且还影响模具的寿命及工作安全。表3—3是冲模安装在压力机上的技术要求。

表3—3　　　　　　　　　　冲模安装在压力机上的技术要求

序号	项目	安装要求	检查方法
1	压力机的选用	①压力机的吨位应大于冲模的工艺力 ②压力机的制动器、离合器及操作系统等机构的工作要正常 ③压力机要有足够的刚性、强度和精度	按压力机启动手柄或脚踏板，滑块不应有连冲现象，若发现连冲，经调整后再安装冲模
2	压力机工作台面	①工作台面要满足模具的装配要求 ②工作台面与模具底面要清理干净，不准有任何污物及金属废屑	用毛刷及棉纱擦拭干净
3	冲模的紧固	①安装冲模的螺栓及螺母和压板应采用专用件，最好不代用 ②用压板将下模紧固在工作台面上时其紧固用的螺栓拧入螺孔中的长度应大于螺栓直径的1.5~2倍 ③压板的位置应使压板的基面平行于压力机的工作台面，不准偏斜	目测及量具测量、百分表测量
4	凸模进入凹模的深度	①冲裁厚度小于2 mm时，凸模进入凹模的深度不应超过0.8 mm ②硬质合金模具不超过0.5 mm ③拉深模及弯曲模应采用试冲方法，确定凸模进入凹模的深度	①弯曲模试冲时，可将样件放入凸、凹模之间，借助试件确定凸模进入凹模的深度 ②拉深模在调试时，可先把试件套入凸模上，当其全部进入凹模内即可将其固定。试件的壁厚应大于被冲零件的厚度
5	凸模与凹模的相对位置	①冲模安装后，凸模的中心线应与凹模工作平面垂直 ②凸模与凹模间隙应均匀	①利用角尺测量 ②利用塞块或试件状况检查

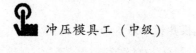

（2）冲模安装前的准备

冲模安装前必须对要安装的冲压模具和使用机台进行检查和准备，准备内容见表3—4。

表3—4   冲模安装前的准备

序号	项目	准备内容
1	熟悉冲模	①冲压件图 ②冲压工艺 ③冲模结构及动作原理 ④冲模安装方法
2	检查冲模安装条件	①模具的闭合高度是否与压力机相适应 ②压力机的公称压力是否满足冲模工艺压力的要求 ③冲模的安装槽（孔）位置是否与压力机一致 ④托杆直径和长度以及下模座的托杆孔位置是否与压力机相适应 ⑤打料杆的长度与直径是否与压力机上的打料机构相适应
3	压力机的技术	①检查压力机的制动、离合器及操作机构是否处于工作正常状态 ②检查压力机上的打料螺钉，并把它调整到适当位置，以免调节滑块的闭合高度时，顶弯或顶断压力机上的打料机构 ③检查压力机上的压缩空气垫的操作是否灵活可靠
4	检查冲模的表面质量	①根据冲模图样检查冲模零件是否齐全 ②了解冲模对调整与试冲有无特殊要求 ③检查冲模表面是否符合技术要求 ④根据冲模结构，应预先考虑试冲程序及前后所关联的工序 ⑤检查工作部分、定位部分是否符合图样要求

（3）冲裁模的安装要点（见表3—5）

表3—5   冲裁模安装要点

模具种类	安装要点
无导向冲模	①将冲裁模放在压力机平台中心处 ②将压力机滑块的螺母松开，用手或撬杠转动飞轮使压力机滑块下降到同模具上模板接触，并使冲模模柄进入滑块中 ③将模柄紧固在滑块上，固定时，应注意使滑块两边的螺栓交错旋紧 ④在凹模的刃口上，垫以相当于凸、凹模单面间隙的硬纸板或钢板，并使之间隙均匀 ⑤间隙调整后压紧下模 ⑥开动压力机，进行试冲

续表

模具种类	安装要点
有导向冲模	①将闭合状态的模具放在压力机台面中心位置 ②把上模与下模分开 ③用木块或垫铁支承上、下模 ④将压力机滑块下降到最低位置，并调整到使其与上模板接触 ⑤分别将上模与下模固紧，滑块调整位置应使其在上极点时，凸模不至于逸出导板之外或导套下降距离不应超过导柱长度的 1/3 为止 ⑥紧固时，要牢固。紧固后进行试冲与调整 ⑦拉深模与弯曲模安装时，最好凸、凹模之间应垫以试件，以便于调整间隙值

（4）冲模的使用

冲模在使用过程中，要随时对其动作进行检查，若发生异常，应立即关机检修，以免损坏模具和设备，发生不必要的事故。冲模在使用过程中的检查方法见表 3—6。

表 3—6　　　　　　　　　　冲模在使用过程中的检查方法

序号	项目	说明
1	模具使用前的检查	①领取的新模具，必须是经过试冲验证并带有合格试件的模具；对于老模具，则应检查模具的履历卡片，最好应带有上一次生产的尾件 ②对照工艺文件检查所用模具及设备是否正确 ③检查模具外观和凸、凹模有无裂纹、压伤等缺陷 ④模具外观应清洁无异物
2	开工前的检查	①压力机的打料装置应暂时调整到最高位置 ②检查压力机和冲模的闭合高度是否相适应 ③冲模上的卸料装置同压力机是否能配套使用 ④冲模的上、下模板和压力机的滑块底面、工作台面是否擦拭干净 ⑤安装好的模具应再检查一下模具内外是否有异物或其他物品，安装是否紧固
3	使用过程中的检查	①模具在使用过程中，应定时润滑工作表面，如凹模刃口及工作型腔和各活动配合表面及导向零件等 ②严禁在冲压过程中润滑，润滑应在停机过程中进行 ③随时注意毛坯有无异常现象。如毛坯不能有硬折、厚度变化太大、严重的氧化皮和翘曲现象。一旦发现上述异常，应停止作业 ④冲压时，严禁几片重叠冲压 ⑤在冲压一段时间后，要随时停机清除台面及冲模上的废料、残余冲件及杂物 ⑥条料及半成品坯件要预先擦拭干净，或涂以少许润滑油 ⑦使用一段时间后，应在机上刃磨刃口使其锋利

2. 冲模的试模与调整

冲模装配完成后要通过试冲制件，检验制件的质量，并对冲压模具的性能进行综合考查和检测，对在试冲中出现的各类问题与弊病要作全面认真的分析，找出产生的原因，并对冲压模具进行适当的调整与修正，以最终得到质量合格的制件为止。

（1）冲压模具试冲与调整的目的

冲模的试冲与调整简称调试。其调试的目的主要在于以下几点。

1）鉴定冲压件和模具的质量。在冲压模具生产中，试模的主要目的是检验冲压模具的使用性能及冲压制品的质量好坏。这是由于冲压零件从设计到批量生产需经过产品设计、工艺设计、模具设计、模具零件加工、模具组装等若干工艺过程。在这些过程中，任何一项的工作失误，都会引起模具质量和性能不佳，以致难以生产出合格的冲压零件来。因此，冲模组装后，首先必须经过在生产条件下进行试冲制品，并根据制品零件图，检查其质量和尺寸是否符合图样规定的要求，以及所制造的模具动作性能是否合理可靠。根据试冲时出现的问题，分析产生的原因并加以修正，使所制造的模具不仅能生产出合格的零件，而且能安全稳定地投入批量生产使用。

2）确定冲压件的成形条件。在冲压模试模阶段，应从试模直至生产出合格样件过程中，掌握模具的使用性能与制品零件的成形条件、方法及其规律，从而对模具投入成批生产制品的工艺规程制定提供可靠的依据。

3）确定成形零件的毛坯形状、尺寸及用料标准。在冷冲压模具生产中，有些形状复杂或精度要求较高的弯曲、拉深、成形、冷挤压等制品零件，很难在设计时精确地计算出变形前的毛坯尺寸和形状。为了能得到较准确的毛坯形状、尺寸及用料标准，需要通过反复的试模及调整，生产出合格零件才能最后确定。

4）确定工艺设计、模具设计中的某些设计尺寸。对于一些在模具设计和工艺设计中，难以用计算方法确定的工艺尺寸，如拉深模的凸、凹模圆角，某些部位几何形状和尺寸，必须边试冲、边修整，直到冲出合格零件后，此部位形状和尺寸方能最后确定。之后将试模调整过程中暴露出来的有关工艺、模具设计与制造等问题，连同调试情况和解决措施一并反馈给有关设计及工艺部门，以供下次设计和制造时参考，从而提高模具的设计和加工水平。

（2）冲模调试的主要内容

冲模在调试过程中，主要应包括如下内容。

1）将装配后的冲模能顺利地安装在指定的压力机上。

2）用指定的坯料，能在模具上稳定顺利地制出合格的冲压零件。

3）检查成品零件的质量，是否符合制品零件图样要求。若发现制品零件存有缺陷，应分析其产生缺陷的原因，并设法对冲模进行修正和调试，直到能生产出一批完全符合图样要求的零件为止。

4）根据设计要求，进一步确定某些模具需经试验后所决定的形状和尺寸，并修整这些尺寸，直到符合要求。

5）经试模后，能为工艺部门提供编制模具能生产批量制品的工艺规程依据。

6）在试模时，应排除影响生产、安全、质量和操作等各种不利因素，使模具能达到稳定批量生产的目的。

（3）冲压模具调试的技术要求

1）调试技术要求。冲压模具调试技术要求见表3—7。

表 3—7　　　　　　　　　　　　冲压模具调试技术要求

序号	项目	技术要求
1	模具外观	冲压模具在装配后，应经外观和空载检验合格后才能进行试模。其检验方法按冲模技术条件对外观要求进行检验
2	试模材料	试模材料必须经过检验，并符合技术协议的规定要求。冲裁模允许用材料相近、厚度相同的材料代用；大型冲模的局部试冲，允许用小块材料代用；其他试模材料的代用，需经用户同意
3	试冲设备	试冲设备必须符合工艺规定，设备精度必须符合有关技术标准规定要求
4	试冲最少数量	小型模具≥50 件；硅钢片≥200 件；自动冲模连续冲压时间≥3 min；贵重金属材料试冲数量由各厂自定
5	冲件质量	①冲件断面应均匀，不允许有夹层及局部脱落和裂纹现象。试模毛刺不得超过规定数值（见表 3—8） ②尺寸公差及表面质量应符合图样要求
6	入库	模具入库时，应附带检验合格证。试冲件数无规定时，每一工序不少于 3 ~ 10 件

2）冲裁模允许的毛刺值。冲裁模允许的毛刺值是指在调试冲裁模时，冲裁件所允许的毛刺大小，见表 3—8。

表 3—8　　　　　　　　　　冲裁模允许的毛刺值

材料抗拉强度/MPa	材料厚度 t/mm	≤0.4	>0.4 ~ 0.63	>0.63 ~ 1.00	>1.00 ~ 1.60	>1.60 ~ 2.50	>2.50
≤250	1	0.03	0.04	0.04	0.05	0.07	0.10
	2	0.04	0.05	0.06	0.07	0.10	0.14
>250 ~ 400	1	0.02	0.03	0.04	0.04	0.07	0.09
	2	0.03	0.04	0.05	0.06	0.09	0.12
>400 ~ 630	1	0.02	0.03	0.04	0.04	0.06	0.07
	2	0.03	0.04	0.05	0.06	0.08	0.10
>630	1	0.01	0.02	0.03	0.04	0.05	0.07
	2	0.02	0.03	0.04	0.05	0.07	0.09

注：1. 表中 1 级用于较高要求，2 级用于一般要求。
　　2. 硅钢片用表中 2 级数值。

（4）冲裁模的调试

1）冲裁模的调试要点。冲裁模的调试要点见表 3—9。

2）冲裁模的调试方法。冲裁模在试冲时，常出现的弊病及调整方法见表 3—10。

表 3—9 冲裁模的调试要点

项目	调整要点
凸、凹模刃口及其间隙的调整	①冲裁模的上、下模要吻合。应保证上、下模的工作零件（凸模与凹模）相互咬合，深度要适中，不能太深或太浅，以冲下合格的零件为准。调整是依靠调节压力机连杆长度来实现的 ②凸、凹模间隙要均匀。对于有导向零件的冲模，其调整比较方便，只要保证导向件运动顺利而无发涩现象即可保证间隙值；对于无导向冲模，可以在凹模刃口周围衬以纯铜皮或硬纸板进行调整，也可以用透光及塞尺测试方法在压机上调整，直到上、下模的凸、凹模互相对中且间隙均匀后，可用螺钉紧固在压力机上，进行试冲
定位装置调整	①修边模与冲孔模的定位件形状，应与前工序形状相吻合。在调整时应充分保证其定位的稳定性 ②检查定位销、定位块、定位杆是否定位时稳定和合乎定位要求。假如位置不合适及形状不准，在调整时应修正其位置，必要时要更换定位零件
卸料系统的调整	①卸料板（顶件器）形状是否与冲件服帖 ②卸（顶）料弹簧及橡胶弹力应足够大 ③卸料板（顶件器）的行程要足够 ④凹模刃口应无倒锥以便于卸件 ⑤漏料孔和出料槽应畅通无阻 ⑥打料杆、推料板应能顺利推出制品，如发现缺陷，应采取措施予以消除

表 3—10 冲裁模试模常出现的弊病及调整方法

常见弊端	图示	产生原因	调整方法
制品毛刺大		①间隙偏小、偏大或不均匀	①若制件剪切面上光亮带过宽，甚至出现两个光亮带和被挤出的毛刺时，说明间隙过小，可用油石修研凸模（落料模）或凹模（冲孔模），使其间隙变大，达到合理间隙 若制件剪切面上光亮带太窄，塌角较大，且整个断面又有很大倾斜度，产生断裂毛刺时，则表明间隙过大。修复时，对于落料模只好重做一个凸模。对于冲孔模要更换凹模，重新装配后，调整间隙 若制件剪切面光亮带宽窄不均，且毛刺偏于一边，则表明间隙不均匀，应对凹凸模重新调整，使之均匀。如果是局部不均匀，应进行局部修正

常见弊端	图示	产生原因	调整方法
制品毛刺大		②刃口不锋利	②当凸模刃口不锋利时会在落料件周边产生大毛刺，而在冲孔件产生大圆角；若凹模刃口变钝，则在冲孔件孔边产生毛刺，落料件圆角大；若凸模、凹模刃口都变得不锋利，则在冲孔件和落料件产生毛刺。其解决的办法是，刃磨刃口端面。若因硬度而引起变钝，要重新淬硬
		③凹模有倒锥	③落料凹模有倒锥，当制件从凹模孔中通过时，制件边缘被挤出毛刺。解决的办法是将凹模倒锥修磨掉
		④导柱、导套间隙过大，压力机精度不高	④由于压力机精度不高，或导柱、导套间隙太大，模具上、下模闭合时使凸凹模相对位置变化，导致间隙不均匀使制件产生毛刺。解决的方法是选用精度高的压力机，或更换导柱、导套
凸、凹模刃口相碰造成啃刃		①凸模或凹模或导柱安装时，与模面不垂直 ②平行度误差积累，上模座、下模座、垫板及固定板上、下面不平行，装配后平行度误差积累导致凸模、凹模轴心线偏斜 ③卸料板、推件板的孔位不正确或歪斜 ④导向件配合间隙大于冲裁间隙 ⑤无导向冲模安装不当或机床滑块与导轨间隙大于冲裁间隙	①重新安装凸模或凹模或导柱，并在装配后，要进行严格检验，以提高精度 ②重新装配与检验 ③装配前要对零件检查，并卸下修正，重新装配 ④更换导柱或导套重新研配后，使之配合间隙小于冲裁间隙 ⑤重新安装冲模，或更换精度较高的压力机床
制件翘曲不平		①冲裁间隙不合理或刃口不锋利 ②落料凹模有倒锥制件不能自由下落而被挤压变形 ③推件块与制件的接触面积过小，推件时，制件内孔外形边缘的材料在推力作用下产生翘曲变形 ④顶出或推出制件时作用力不均匀	①选择合理的间隙和用锋利的刃口冲裁，并在模具上增设压料装置或加大压料力 ②修磨凹模除去倒锥 ③更换推件块，加大与制件的接触面积，使制件平起平落 ④调整模具，使顶件、推件工作正常

续表

常见弊端	图示	产生原因	调整方法
制件内孔与外形相对位置不正常	a) b)	①单工序模中定位元件位置或尺寸不准确 ②级进模侧刃的尺寸或位置不准，定距不准 ③定位元件尺寸位置不准，如挡料销或挡料块的位置不正确、导正销尺寸过大 ④凹模各型孔间的位置不准确或组装凹模时（拼块凹模）各工位间步距的实际尺寸不一致 ⑤导料板和凹模送料中心线不平行，条料送进时偏移中心线，导致制件孔、形误差	①重新更换定位及定位元件 ②当定距侧刃尺寸小于步距，修整时可将挡料块磨去一些；当侧刃尺寸大于步距时应将侧刃内边磨去一些，并将挡料块移靠侧刃一侧，其加大或减小的尺寸应等于制件孔、形误差量除以步数 ③修整或更换定位元件 ④重新安装、调整凹模，保证步距精度 ⑤修正导料板，使其平行于送料中心线
送料不通畅或卡死		这类问题常发生在级进模中： ①导料板安装不正确或条料首尾宽窄不等 ②侧刃与导料板的工作面不平行或侧刃与侧刃挡块不密合，冲裁时在条料上形成很大的毛刺或边缘不齐而影响条料的送进 ③凸模与卸料板型孔过大，卸料时，使搭边翻转上翘	①根据情况重新安装导料板或修正条料 ②设法使侧刃与导料板调整平行，消除侧刃挡块与侧刃之间的间隙或更换挡块使之与侧刃密合 ③更换卸料板，使其与凸模间隙缩小
卸料不正常		①模具制造与装配不正确，如卸料板与凸模配合过紧，或因卸料板倾斜、装配不当，导致卸料机构不能正常工作 ②弹性元件（弹簧或橡胶）弹力不足 ③凹模孔与下模卸料孔位置偏移 ④凹模有倒锥 ⑤打料杆或顶料杆长度不够	①修正卸料装置，或重新装配，使其调整得当 ②更换弹性元件（橡胶或弹簧） ③重新装配凹模使卸料孔与凹模孔对正 ④修磨去掉凹模倒锥 ⑤增加打料杆或顶料杆长度
制件尺寸超差，形状不准		凸模、凹模形状及尺寸精度差	修凸、凹模，使之达到尺寸精度要求

常见弊端	图示	产生原因	调整方法
凹模被胀裂		①凹模孔有倒锥 ②凹模孔与上模板漏料孔偏移	①修正凹模孔，使倒锥消除 ②重新调整，装配凹模，使凹模孔与下模板漏料孔对中或加大下模板漏料孔
凸模被折断		①卸料板倾斜 ②冲裁产生侧向力 ③凸、凹模相互位置变化	①调整卸料板 ②采用侧压板抵消侧压力 ③重新调整凸、凹模相互位置

六、冲压模具维修

任何模具在使用一段时间后，由于其工作零件逐渐磨损或操作者的粗心大意，都会使其工作性能和精度降低甚至被损坏。此时，为延长模具的使用寿命，一般要进行修理。

修理模具要尽量用较少的时间来完成。如果修理时间拖得太长就会影响生产的正常进行。但要达到快速修理的目的，工厂中正确地组织和安排工作是非常重要的。

1. 修理工作的组织

修理工作的组织就是合理安排修理人员，明确修理工作职责，制订修理工艺方案，实施模具的在线修理和拆卸修理，以保证最小程度地影响生产进度。

（1）修理人员的配备

在一般的工厂中，为了使模具能得到合理的使用，做到安全正常生产，都设有模具修理维修部门。这些修理组织的成员，都是由有一定冲模制造实践经验的模具工来担任，并配备有专业技术人员。在通常的情况下，对他们的技术水平和实践经验要求比较全面。他们不仅要精通模具的修理方法，而且要掌握模具的技术要求和检验、验收及使用方法；还要善于发现模具的问题及时寻找模具损坏的原因，并要使模具在最短的时间内修理好，使之能恢复到原来的质量和精度要求，确保模具的正常使用。

（2）修理工的工作职责

由于模具是一种精密高效的生产工具，它在制造与修配上有不少特点，技术上要求也比较高。所以冲压模具的修配工作，不但要求维修工有较强的责任感和事业心，还要有较高的技能。其主要职责如下。

1）熟悉本厂所有产品所用模具的种类及每种产品制件所用模具套数、工艺流程及使用状况。对模具要做好技术档案，注明模具开始使用时间、每次生产的件数、刃口修磨次数及每副模具的使用状态，标明模具易损零件的磨损情况及需要维修的部位及更换备件程度。

2）熟悉掌握所修模具的全部情况，如模具的结构特点、动作原理、模具性能特点、易损耗和常发生毛病的部位，并确定修理方法和修理方案。

3）要不断提高修理技能和培养独立工作能力，配合操作工一起安装冲模及修理后的模具调试工作。

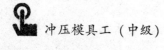

4）在模具工作过程中，要经常检查模具的工作状态，负责模具在机上的随机修理及调整工作。

（3）冲压模具修理的组织程序与要求（见表3—11）。

表3—11　　　　　　　　　　　修理工作的组织程序与要求

序号	摘要	工作要求
1	现场模具使用完毕应及时归库	①操作者对下线模具应清理干净，做到无油污无杂物后，再归库 ②模具归库时，应将该模具的实际生产数量及产品的质量情况、模具技术状态等必要内容，如实反映给库管人员（须有文字依据）
2	入库后的管理	①管理人员应对归库模具进行仔细检查，检查有无损伤，并对活动部件的暴露部分涂上防锈油，导柱的注油孔应注入润滑油，并用纸封口，以防灰尘、杂物落入 ②将反馈回来的产量、质量、技术状态数据认真填入模具使用历史卡片上，妥善保管 ③模具底面不得与地面直接接触，需垫上木块，并保持地面清洁干燥，以防底面锈蚀 ④将历史卡片记录完毕后，交给现场施工人员分析，判断模具是否须进行维修
3	施工人员对模具作出技术上的处理意见	①依据反馈记录及卡片记载的情况（如生产的实际情况、上机时模具的调整记录、首件产品质量情况、产品质量变化情况）和自己的经验等因素，进行综合分析，判断模具是否需要维修（以确保生产需要为主） ②将能继续使用的模具交回库房保管，若需维修的模具将维修卡片交库房分类保管，并开具模具维修申请单（注明维修内容、完工日期等要求），送维修部门做技术处理 ③负责模具上机时的调试工作、日常模具生产中的使用状况及技术状况的巡查，以及必要的工作记录，并对模具修复的质量进行考核
4	维修部门（或模具工）的准备与实施	①根据模具图样、资料作好模具常用易损件的储备工作，以加快维修速度 ②根据维修申请单和模具图样、模具实际损坏状况作进一步分析，明确损坏原因，确定维修内容 ③制订维修方案，安排维修工艺，发出维修指令，由维修工在规定时间内完成维修任务。同时，做好维修工作中必需的专用工具和备件的准备工作 ④模具维修工对模具进行检查，拆卸损坏部件，并清洗干净，进一步核查修理原因及方案的可靠性。如有疑问，应及时联系并制订方案以利于维修的顺利完成；配修损坏的零部件，使其达到设计要求；更换修配好的零部件，重新组装模具，交质检人员检查
5	修复后的检查	①将修复后的模具，在相应的设备上进行试模与调整 ②检查试件，确定维修的质量，原来的弊病是否消除，零件是否达到图样要求 ③确认模具合格后，签字入库备用

2. 冲压模具维修的准备

（1）选择修理装备

1）修理所用设备。冲模维修设备主要是指供冲模修理、装配后试冲及调整使用的压力机、锉锯机、钻床、手推起重小车（供模具的运输及搬运）等修理设备。

2）修理所用辅助工具。它主要是指手用工具，包括撬杠（用于开启模具）、卡钳（用于夹持模具零件和组件）、平行夹板、平行垫块、样板夹、一字和十字旋具、拔销器（用于拔取安装圆柱销，销孔为不通孔时用）、螺钉定位器、铜锤、销钉棒（用于安装和退出销钉）、各种尺寸的内六角螺钉扳手、台虎钳等，如图 3—102 所示。

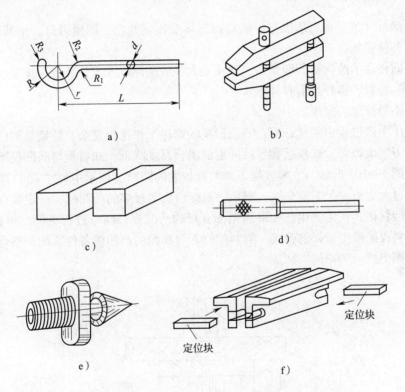

图 3—102 模具修理常用工具

a）撬杠 b）平行夹 c）平行垫板 d）销钉冲 e）螺钉定位器 f）平行夹板

3）修理常用的打磨、抛光工具。模具维修时，模具维修工常使用的维修工具有：风动砂轮机，它主要用于维修时打磨工件用；抛光机和各种磨头，它主要用于对模具零件进行打磨、抛光；细纹什锦锉，它用于锉修各种零、部件；油石，它用于修磨刃口或抛光；砂布，它主要用于在维修时抛光。

4）修理用主要量具。修理用主要量具有千分尺、游标卡尺、游标高度尺、万能角度尺、厚薄规、半径 1 mm 以上的半圆规、放大镜等。

（2）确定冲压模具修理的工艺过程

冲模修理的工艺过程，一般包括以下几部分。

1）分析冲模的修理原因，做好修理前的准备工作。熟悉要修理的冲模结构及设计图样，了解冲模修理前所冲工件的质量情况，分析造成冲模修理的原因。

2）确定模具修理部位，观察其损坏情况。然后制订出修理方案和修理方法，确定修理工艺，并根据修理工艺要求准备好所必需的修理工具及备件。

3. 冲压模具修理工艺

（1）冲模的修理方法

1）冲模的临时在线修理。不需将冲模从压力机上卸下而直接进行的修理就称为冲模的临时在线修理。在线临时修理主要解决如下问题。

①利用储备的易损件，更换冲模中已被损坏的零件，如模具中的小凸模、定位销、挡料销等。

②用油石（或其他刃磨工具）研磨被损坏变钝了的凸、凹模刃口，使其变得锋利，恢复正常的使用状态。

③紧固松动了的螺钉，调整凸、凹模变大了的间隙以及定位装置，按要求及时更换卸料弹簧、橡胶、顶杆及退料杆等。

在线临时修理的应用如下。

①冲压生产过程中的复合模，其凸凹模的修理工作比较繁杂，特别是刃口部分，磨损量大，刃磨次数多。修模后会导致冲模的闭合高度降低，卸料板与凸凹模不在同一平面上，如图3—103所示，上模要压下卸料板较大的距离（图示中尺寸h）；这样将使卸料弹簧4过大变形。为了避免这一现象，对修磨次数较多的凸凹模，一定要在凸凹模底部加垫才能保证其正常使用。如果预先备有新的凸凹模，则可进行更换。但在更换时，必须使卸料板的厚度及卸料弹簧、卸料螺钉等与新配的凸凹模备件装配调整合适后才能使用，否则仍然会使冲模损坏。

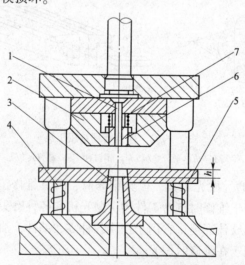

图3—103　复合模的临时修理

1—冲孔凸模　2—凹模　3—凸凹模　4、7—弹簧　5—卸料板　6—推件块

②冲压生产过程中的级进模，其导料板经长期使用后，容易产生磨损变形。因此，可将导料板从冲模上拆下，把接触条料的表面采用平面磨床磨平，然后再扩大螺钉孔及销钉孔，使导料板之间的距离重新调整到原来的进料宽度。

冲模的在线临时修理是一项细致而又复杂的工作。无论对于何种项目的修理，都要首先切断机床电源，并要仔细地寻找毛病所在，进行及时的修理。

2）冲模的检修。在工作中，若发现冲模的主要部位有严重的损坏，或冲压件有较大的质量问题，在临时修理不能解决的情况下，就应安排进行恢复技术状态的检修。冲模检修的时间一定要适应生产的要求，尽可能利用两次生产的间隔期。检修时更换的冲压零件一定要符合原图样规定的材料牌号和各项技术要求的规定。检修后的冲模一定要进行试冲和调整，直到冲制出合格制件后，方可交付使用。

冲模的检修方法和步骤：清洗冲模零件→检查损坏情况（按原图样的技术要求）→确定修理方案→编制修理工艺卡（内容有冲模的名称、使用期限次数、检修的原因、检修前冲压件的质量情况、冲模检查结论、维修方法等）→拆卸模具（可以不拆的尽量不拆，以减少重新装配时的调整和修配工作）→修理损坏零、部件→装配和调整新的零部件→冲模试冲（检查故障是否排除、制件质量是否合格）→检验→交付使用（并填写维修记录）。

（2）冲模修理工艺的应用

1）冲裁模的修理。对冲裁模的修理，应着重检查以下几个方面。

①凸模与凹模和凸凹模的刃口配合精度及刃口的锋利程度。

②凸、凹模表面粗糙度及间隙的均匀情况。

③冲模定位的准确度，以及紧固、导向和卸料等部位的工作状况。

2）制件质量检查与冲裁模的修理。冲裁模在使用一段时间后，应对制件质量进行检查，若发现其形状或尺寸发生了变化，则必须停机检查，找出造成制件质量问题的原因，如果是模具造成的质量问题，应对模具给予修复，使模具恢复到原有的工作状态。表3—12列出了冲裁件出现的制件缺陷及产生的原因、模具修理的方法。

表 3—12　　　　　冲裁件出现的制件缺陷、产生的原因及模具修理的方法

制件的缺陷	产生形式和原因	修理方法
制件外形及尺寸发生变化	①凸模与凹模的尺寸发生变化，或凹模刃口被啃坏，凸模损坏了某个部位 ②送料没有送到规定的位置，或定位销、挡料块等发生故障 ③级进模中条料太窄，送料时位置发生移动 ④在落料模及冲孔模中，未安装压料板，造成制品在冲裁时因受力而产生弹性跳起	①若制件的外形尺寸较小时，可修整凹模，对凸模更换新的备件。若制件的外形尺寸较大，则修整凸模，并对其凹模进行修补或更换新的备件 ②检查一下定位装置，若磨损过于严重，则应及时更换 ③检查压料装置，如果压料板、压料弹簧或橡胶破损，弹力减小，则应更换新的备件
内孔与外缘的尺寸位置发生变化	①落料与冲孔的凸模和凹模孔的相对位置发生改变，或凸模歪斜 ②在级进模中，侧刃尺寸由于磨损而发生变化 ③采用导料钉定位的模具，其导料钉的位置偏斜或条料定位不准确	①对凸模和凹模孔进行修复或更换 ②对侧刃凸、凹模进行修复或更换 ③调整导料钉的高度和垂直度，使之合适 ④检查定位销的损坏程度或位置，必要时可进行重新更换与调整

续表

制件的缺陷	产生形式和原因	修理方法
制件产生毛刺	①凸、凹模间隙发生了变化，变大或不均匀 ②凸、凹模刃口变钝	当冲模出现刃口变钝现象时，必须对其进行修磨。修磨时，可采用油石研磨刃口或采用平面磨床刃磨刃口
制件表面不平	卸料板与凸模间的间隙由于长期磨损而加大，在卸料时易使制件或废料带入卸料孔中，而使制件产生弯曲变形	重新调整卸料板与凸模间的间隙，使之配合合适（一般为 H7/h6 的配合形式）。在冲裁薄铝板或硬纸板时，不能用钢板作为卸料板而应采用橡胶板
制件只有压印而剪切不下来	①凸模与凹模刃口变钝 ②凸模进入凹模的深度太浅 ③凸模与固定板配合松动 ④垫板淬火硬度不够，而使凸模工作不到位	①用平面磨床磨削凸、凹模刃口表面 ②调整压力机的闭合高度，使凸模进入凹模的深度适中 ③紧固凸模 ④更换硬度较高的垫板
制件或废料排出困难	①顶料杆由于长期使用和热处理硬度不够，在压力作用下被镦粗，或产生变形和弯曲，并使长度变短 ②弹簧或橡胶丧失了原来的弹力 ③固定卸料板的螺钉弯曲，或活动卸料板被卡住而难以卸下产品 ④卸料板与凸模间的间隙过大 ⑤因振动而使紧固螺钉、定位销产生松动，导致凹模与底板漏料孔错位	①更换顶料杆 ②更换弹簧或橡胶，使弹力恢复到原来的效果 ③更换螺钉 ④调整卸料板与凸模间的间隙 ⑤将冲模重新装配，使之恢复到原来的工作状态

（3）凸模、凹模的修理工艺

1）凸模、凹模刃口的修磨。凸模、凹模刃口变钝使制件剪切面上产生毛刺而影响制件质量。刃口修磨的方法有两种：一是当凸模、凹模磨损较小时，可不必拆卸凸模、凹模，而直接用几种不同规格的油石加煤油在刃口面上顺着一个方向来回研磨，直到刃口光滑锋利为止。二是当凸模、凹模磨损较大或有崩裂现象时，应拆卸凸模、凹模，用平面磨床磨削。

在刃磨时应注意以下几点。

①拆卸需要刃磨的凸模、凹模工件时，小心不要碰坏凸模、凹模表面和刃口，并且不能损伤定位销及销孔。刃磨时，每次刃磨量不要太大，否则会使凸、凹模因受力而重新崩裂。每次刃磨时，在消除正常磨损后，磨削掉的金属层最好不超过 0.10 ~ 0.15 mm，以增加冲模重磨次数和提高冲模的刃磨寿命。

②当冲模冲裁一定数量的制件后，应执行正常的凸模、凹模修磨保养，而不应等到磨损太大后再进行修磨。

2）凸模、凹模间隙变大的修理。可采用局部锻打的方法修正凸模或凹模刃口尺寸，使其恢复到原来的间隙值。修理的方法是：用氧—乙炔气焊喷嘴沿刃口边缘移动加热，当刃口发红后，用锤子敲击铜棒将刃口向中心方向挤压，以改变刃口尺寸。对于冲孔模，应敲击凹模刃口的周边，以保证凸模尺寸；对于落料模，应敲击凸模，以保证凹模尺寸。这种方法可使刃口尺寸改变 0.1 ~ 0.2 mm。采用这种方法时应注意以下几点。

①刃口停止敲击后，应加热几分钟，以消除由于挤压而产生的内应力。

②加热的凸模或凹模冷却后，即可用压印法重新修整间隙。

③最后采用火焰表面淬火工艺来提高刃口的硬度。

3）凸模、凹模间隙不均匀的修理。冲裁模间隙不均匀会使制件产生单边毛刺或局部产生第二光亮带，严重时会使凸模、凹模相"啃"而造成较大的事故。凸模、凹模间隙不均匀一般是由两个原因引起的：一是导向装置刚性差、精度低，起不到导向作用，使得凸、凹模发生偏移，引起凸凹模间隙不均匀。二是凸模、凹模定位销松动，失去定位作用，使凸模、凹模移动而造成凸、凹模间隙不均匀。对于第一种情况，其修理方法一般是更换导向装置。有时可对导柱、导套也进行修理，方法是给导柱镀铬。镀铬前，导柱的配套表面要磨光。镀铬后，按原来导柱、导套的配合间隙研配导柱。研配后，在导柱与导套的配合表面上涂润滑油，把上、下模板合在一起，使导柱通过上板模的导套压在下模板上，这样可以保证导柱、导套对上、下模板的垂直度。对于第二种情况，其修理方法是把凸模、凹模刃口对正，使间隙恢复到原来的均匀程度，然后用螺钉紧固，把原来的销钉孔再用绞刀扩大 0.1 ~ 0.2 mm，重新配装定位销，使模具精度恢复到原来的要求。

4）更换小直径的凸模。冲压过程中，由于板料在水平方向的错动，直径较小的凸模很容易折断，其更换的方法如下。

①将凸模固定板卸下，并清洗干净，使其表面无脏物及油污，然后把卸下的凸模固定板放在平板上，使凸模朝上，并用等高垫块垫起。

②将铜棒对准损坏的凸模，用锤子敲击铜棒，将凸模从固定板上卸下，然后将新的凸模工作部分朝下，引进已翻转过来的固定板型孔内，并用锤子轻轻敲入凸模固定板中。

③将换好的凸模固定板组件用磨床磨削刃口面，直到与未更换的凸模保持在同一平面为止。

④将凸模组件装配到模具上，并调整凸模、凹模间隙，试冲出合格制件方可交付使用。

5）大、中型凸、凹模的补焊。当大、中型冲模的凸模、凹模有裂纹和局部损坏时，可采用补焊法对其进行修补。修补时，焊条和零件的材料要相同。注意修补后要进行表面退火，以免零件变形。退火后可再进行一次修整。

表 3—13 为冲裁凸模、凹模的修复方法。

表3—13 冲裁凸模、凹模的修复方法

修复方法	简图	修复工艺说明
挤捻法修复刃口	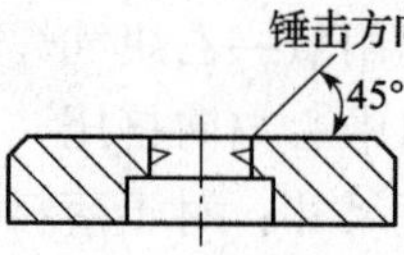 a）  b）	刃口长期使用及刃磨，间隙变大，可用锤击的方法从刃口附近的金属向刃口的边缘挤捻移动，从而减少凹模孔的尺寸（或加大凸模的尺寸），达到减小间隙的目的。其方法是，先将硬度降至38~42HRC范围内，即局部加热，用锤敲击，并沿着刃口边缘均匀而细心地依次进行，最后修磨刃口，合适后再淬硬
修磨法修整刃口	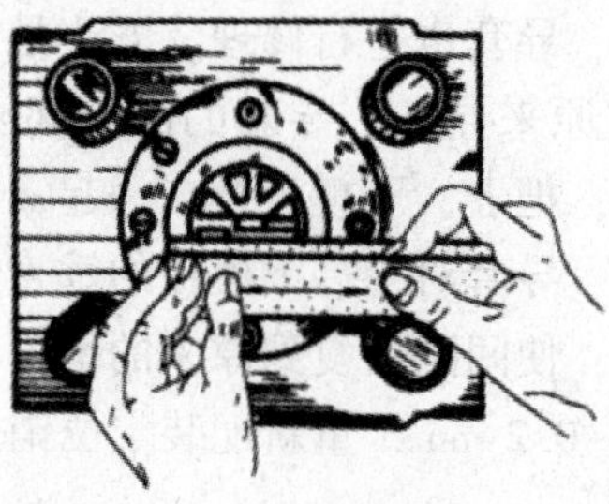	用几种粗细不同的油石，加些煤油在刃口面上细心地一次一次来回研磨，使刃口变得锋利，研磨时可不必拆卸冲模
嵌镶块来镶补	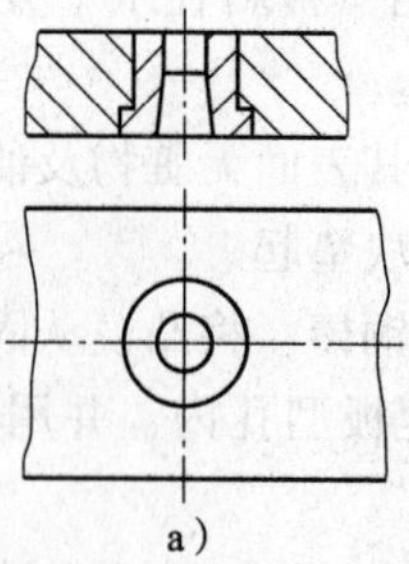 a） 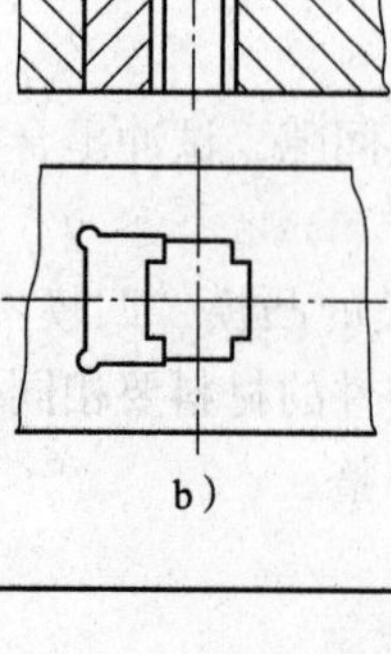 b） 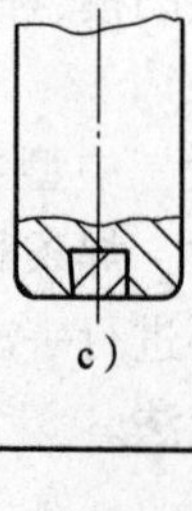 c）	凸模、凹模刃口损坏后，可用相同材料的镶块来镶补损坏部位，并修整到原来的形状和部位： ①将损坏了的凸、凹模进行退火处理 ②把被损坏了的部位去掉，用线切割或锉修的方法修成工字形或燕尾形 ③将制成的镶块嵌在槽中，并且要密合，不允许有裂纹 ④大型镶块用螺钉及销钉紧固，嵌小孔凹模时，也可以用螺纹柱塞紧后再重新钻孔成形 ⑤将镶配后的凸模、凹模加工成形，并研配间隙后淬硬

修复方法	简图	修复工艺说明
锻打法修复刃口		对于间隙变大的凸模、凹模，可以采用局部锻打的方法来使间隙变小：先利用氧—乙炔气焊嘴，沿着刃口边缘慢慢移动，将其加热，等到发红后即用锤子敲击刃口，以改变刃口尺寸（缩小凹模孔径尺寸或增大凸模断面尺寸）。待刃口各部位的延展尺寸敲击均匀后停止敲击，继续加热，保持几分钟后冷却，采用压印法将刃口修复合适。刃口修复后再用火焰表面淬火的方法，提高其硬度
镦压法修复刃口	加热部分 镦压后的形状	①将要报废的零件刃口部分加热到适于锻打的红热状态 ②放在压力机上施加压力，使其受力变粗 ③冷却后修配刃口成形
电焊堆焊法	4~6 30°~45° a） 90°~120° 5~8 黄铜棒 b）　c）	①将啃刃部位的凹模（凸模）用砂轮磨成与刃口平面成30°～45°斜面，宽度视损坏程度而定，一般为4～6 mm，假如是裂纹，可用砂轮磨出坡口；如果是内孔崩刃，应按内孔直径大小装配一根黄铜棒于凹模孔内 ②预热，在炉内加热，按回火温度 ③焊补，用直流电焊机将预热的工件用电焊条来焊补镶块 ④将焊后的工件保温一段时间 ⑤冷却后，磨床加工到尺寸
红热嵌镶法修复凹模	焊点 a） b）	①将损坏的凹模退火后按要求车成内孔规定尺寸形状作为外套 ②根据内孔形状做一凹模镶件 ③将外套加热至300～400℃然后把镶件嵌入，冷却后即紧固在一起 ④将紧固后的组合，修整凹（凸）模刃口到尺寸

单元测试题

一、填空题

1. 划线是根据_____要求，在零件毛坯或已加工的半成品表面准确地划出_____或加工界线的操作。

2. 粗锉时可用_____，这样不仅锉得快，并且容易锉出准确的平面；待基本锉平后，可用细锉或光锉以_____修光。

3. 不管哪一类模具，模具_____及验收_____是模具装配的依据。

4. 装配尺寸链是指在产品的装配关系中，由相关零件的_____（表面或轴线间的距离）或相互_____（同轴度、平行度、垂直度等）所组成的尺寸链。

5. 在冲压生产中，若发现冲模的_____部位有严重的损坏，或冲压件有较大的_____问题，在_____不能解决的情况下，就应安排进行恢复技术状态的检修。

6. 冲压模具装配是按照冲压模具的_____和装配工艺规程，把组成冲压模具的各个零件连接并固定起来，达到符合生产技术和_____的冲压模具。

7. 在冲压模具生产中，试模的主要目的是确定冲压制品的_____和冲压模具的_____好坏。

8. 锉削是用锉刀对工件表面进行加工的操作。锉削精度最高可达_____；表面粗糙度 Ra 值最小可达_____左右。

9. 铰孔属于_____加工，铰刀有手用铰刀和_____两种。

10. 为了避免模具工作部分在模具装配后产生_____，上、下模工作部位形状划线时最好用样板或定好尺寸的划规、划线尺_____划出。

二、单项选择题

1. 划线不但要划出清晰均匀的线条，还要保证尺寸正确，划线精度要求控制在_____。

A. 0.5～1.0 mm   B. 0.1～0.25 mm   C. 0.01～0.1 mm   D. 0.05～0.25 mm

2. _____不是钳工常用的检验工具。

A. 刀口形直尺   B. 90°角尺   C. 钢卷尺   D. 游标角度尺

3. 装配时，各个配合的模具零件不经选择、修配、调整，组装后就能达到预先规定的装配精度和技术要求的装配方法称为_____。

A. 互换装配法   B. 修配调整法   C. 修配装配法   D. 非互换装配法

4. 图示所表示的凸模、凹模间隙的控制方法采用的是_____。

A. 透光法   B. 测量法   C. 定位器调整法   D. 垫片法

5. 刃磨时，在消除正常磨损后，为增加冲模重磨次数和提高冲模的刃磨寿命，磨削掉的金属层最好不超过_____。

A. 0.1~1.0 mm　　　　　　　　　　B. 1~1.5 mm

C. 0.01~0.05 mm　　　　　　　　　D. 0.10~0.15 mm

三、判断题

1. 加工线是用来检查发现工件在加工后的各种差错，甚至在出现废品时作为分析原因用的线。

2. 修配时，在某零件上预留修配量，装配时根据实际需要修整预修面来达到装配要求的方法称为修配调整法。

3. 上、下模的装配次序与模具结构有关，通常是看上、下模中哪个位置所受的限制大就先装，再用另一个去调整位置。

4. 冲模的在线修理是将冲模从压力机上卸下而直接进行的修理。

5. 模具装配时，模具零件不经选择、修配、调整，组装后就能达到预先规定的装配精度和技术要求的装配方法称为互换装配法。

四、简答题

1. 指导模具装配的依据是什么？冲压模具装配的主要内容是什么？

2. 冲模修理的方法有几种？各种方法主要解决什么问题？

单元测试题答案

一、填空题

1. 图样　加工图形

2. 交叉锉法　推锉法

3. 装配图　技术条件

4. 尺寸　位置关系

5. 主要　质量　临时修理

6. 设计图样　生产要求

7. 质量　使用性能

8. 0.005 mm　0.4 μm

9. 精　机用铰刀

10. 错位　一次

二、单项选择题

1. B　2. C　3. A　4. C　5. D

三、判断题

1. ×　2. ×　3. √　4. ×　5. √

四、简答题

1. 指导模具装配的依据是模具装配工艺规程。

冲压模具装配的内容有：选择装配基准、组件装配、调整、修配、总装、研磨抛光、检验和试模、修模等工作。在装配时，零件或相邻装配单元的配合和连接，必须按照装配工艺确定的装配基准进行定位与固定，以保证它们之间的配合精度和位置精度，从而保证模具零件间精密均匀的配合。通过模具装配和试模也将考核制件的成形工艺、模具设计方案和模具制造工艺编制等工作的正确性和合理性。

2. （1）冲模的临时在线修理

不需将冲模从压力机上卸下而直接进行的修理就称为冲模的临时在线修理。主要解决的问题：更换冲模中已被损坏的零件；研磨被损坏变钝了的凸、凹模刃口，使其变得锋利，恢复正常的使用状态；紧固松动了的螺钉，调整凸、凹模变大了的间隙以及定位装置，按要求及时更换卸料弹簧、橡胶、顶杆及退料杆等。

（2）冲模的检修

在工作中，若发现冲模的主要部位有严重的损坏，或冲压件有较大的质量问题，在临时修理不能解决的情况下，就应安排进行恢复技术状态的检修。

冲模检修的时间一定要适应生产的要求，尽可能利用两次生产的间隔期。检修时更换的冲压零件一定要符合原图样规定的材料牌号和各项技术要求的规定。检修后的冲模一定要进行试冲和调整，直到冲制出合格制件后，方可交付使用。

第4章

单工序冲压模具制造案例

冲压模具的制造过程不是单纯的零件加工与零件组装。由于冲压成形的复杂性、冲模的精密性以及单件制造的特点，冲压模具的制造一方面依赖现代精密加工手段，一方面仍离不开传统的工艺技术和模具工的制作，且模具工是贯穿模具制造和调试整个过程的参与者。因此，模具工应对模具制造全过程有系统的认识，本单元以单工序冲裁模为例，介绍冲压模具制造的工艺过程，并重点突出模具工的操作内容和要领。

第一节　典型落料模的制造

培训目标

→ 能够正确识读落料模的装配图和模具零件图

→ 能够理解典型落料模的制造工艺

→ 能够与其他工种协作、配合，完成模具零件的制作

→ 能够正确进行落料模装配阶段的操作，完成模具的装配

→ 能够配合其他工种进行试模，能正确调整模具至良好技术状态

落料模有多种结构形式，从导向方式看，有无导向、导板导向和导柱导向落料模；从卸料和出件方式看，有固定卸料、弹压卸料和废料切刀落料模；从工作零件的结构看，有整体式和镶拼式落料模。另外，根据毛坯形式不同（单个毛坯或条料毛坯），落料模的定位零件也有较大差异。下面介绍两副不同卸料方式的落料模的制造。

一、固定卸料落料模

固定卸料落料模的特点是：卸料可靠，但工作时不能压料（毛坯一般为条料），出件方式多为下出件。固定卸料落料模一般用于冲裁较厚板料或刚性较好的材料，否则材料易变形，制件质量受影响。

如图 4—1 所示为某卡片落料件及其落料模，制件大批量生产，现介绍该模具制造的工艺过程。

1. 准备工作

冲压模具的制造过程必须在完备的工艺方案及相关工艺文件的指导下展开，工艺方案包括标准件的准备、外协件的安排、自制件的制造工艺、模具装配工艺等。对于模具工，在着手冲模制造的操作之前，正确识读模具图、系统理解模具制造工艺十分必要。

（1）识读模具图

首先分析制件。落料件材料为 Q235，料厚 1.5 mm，尺寸较小，坯料刚性较好；制件形状不规则，尺寸精度在 IT14 ～ IT12 级之间，属经济精度范围，冲裁间隙较大。

再分析模具结构（见图 4—1）。模架选用后侧导柱和导套导向的标准模架，下模主要由下模座 1、落料凹模 5、固定卸料板 6 组成，卸料板的槽口侧面兼起导料作用，挡料板 2 由螺钉 12 固定于凹模上；上模主要由上模座 13、凸模固定板 8、落料凸模 7 组成。落料为有废料冲裁，工作时，条料沿固定卸料板的导料面送进，由挡料板 2 挡料完成坯料定位，上模下行，凸模穿过固定卸料板完成冲裁后回程，条料由卸料板刚性刮离凸模，制件则由凹模及下模座的漏料孔落下。

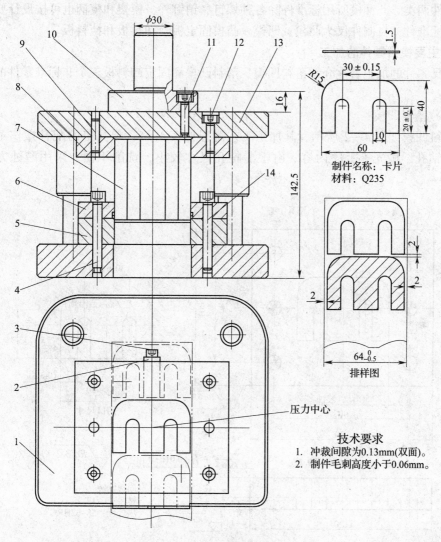

制件名称：卡片
材料：Q235

排样图

压力中心

技术要求
1. 冲裁间隙为0.13mm(双面)。
2. 制件毛刺高度小于0.06mm。

图 4—1 卡片落料模

1—下模座 2—挡料板 3、4、11、12、14—内六角紧固螺钉 5—落料凹模

6—固定卸料板 7—落料凸模 8—凸模固定板 9—圆柱销 10—模柄 13—上模座

（2）模具制造工艺要点分析

根据模具工作原理，坯料定位应保证冲裁时有合理的搭边值，卸料板的导料面尺寸及位置应满足冲裁工艺要求，同时，模具装配后应保证凸模与凹模和卸料板的间隙合理且满足均匀度要求。凸模和凹模的刃口均可用线切割加工，卸料板型孔也采用线切割加工，并保证与导料面的合理位置；凸模采用翻铆固定的方式，凸模热处理采用局部淬

硬。该模具结构简单，模具零件的加工难度不大，影响模具质量的主要环节是装配，应采用合理的装配工艺，保证各零件之间的位置精度。

（3）模具零件分类

根据模具尺寸、各零件功能及工艺特点，可将模具的组成零件分为标准件（外购）和自制件两类。此冲模所用标准件除各种螺钉、销钉外，模架和模柄也可按设计要求直接采用标准件，自制件仅为凸模、凹模、凸模固定板、卸料板和挡料板。

2. 主要模具零件的加工

模具零件的加工着重介绍落料凹模、落料凸模和固定卸料板三个非标准零件的加工工艺。

（1）落料凹模

落料凹模如图4—2所示，其加工工艺流程见表4—1，模具工的配合操作主要是划线、钻孔、抛光等工序内容。由于漏料孔尺寸较小，铣削不便，采用酸蚀方法加工。

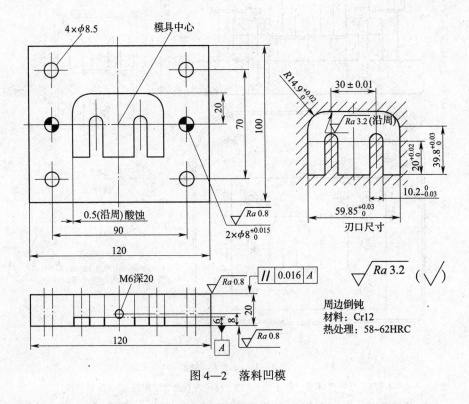

图4—2　落料凹模

表4—1　　　　　　　　　　　　　　　　落料凹模的加工工艺

工序号	工序名称	工序内容	工序简图
10	锻造	锻件尺寸：$126 \times 106 \times 26$	
20	热处理	退火（210～260 HBS）	
30	铣	铣六面到$120.5 \times 100.5 \times 21$	

续表

工序号	工序名称	工序内容	工序简图
40	磨	磨上、下平面及两直角面 A、B 至 Ra0.8 μm，保证 A、B 面与上、下面垂直，且 A⊥B	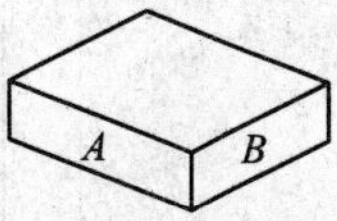
50	钳工	(1) 划中心线，各孔位中心打样冲点 (2) 于模具中心，钻 φ6 穿丝孔，2×φ8 销孔中心钻 φ4 穿丝孔 (3) 按样冲点钻 4×φ8.5 螺钉过孔 (4) 去毛刺	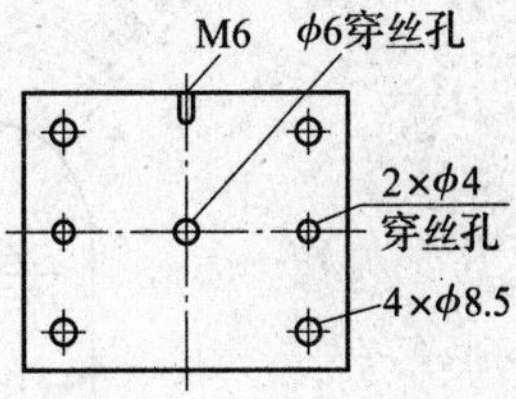 M6　φ6穿丝孔 2×φ4穿丝孔 4×φ8.5
60	热处理	淬火 + 低温回火 58～62 HRC	
70	磨	(1) 磨上下面至厚度 20 (2) 磨 A、B 直角面，保证 A、B 面与上、下面垂直，且 A⊥B	
80	钳工	清洁穿丝孔	
90	线切割	(1) 校正工件 A（或 B）面，正确定位 (2) 找正 φ6 穿丝孔中心 (3) 正确编程 (4) 割凹模型孔及 2×φ8 销孔，满足尺寸要求（2×φ8 销孔坐标位置与固定板相同）	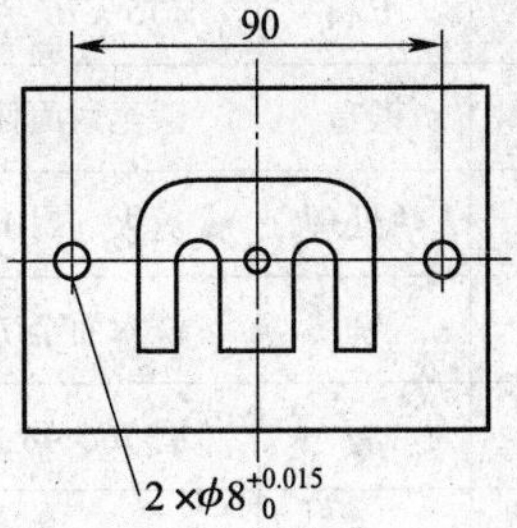 90 $2×\phi8^{+0.015}_{0}$
100	检验		
110	酸蚀	蜡覆刃口部分（高 6 mm），胶覆其余非腐蚀面，用特配之酸液腐蚀出漏料孔部分	
120	钳工	抛光刃口面及销孔，清洁各螺纹孔	

(2) 落料凸模

落料凸模如图 4—3 所示，其加工工艺见表 4—2。

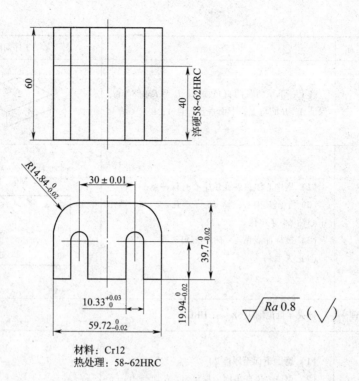

材料：Cr12
热处理：58~62HRC

图 4—3　落料凸模

表 4—2　　　　　　　　　　　　　　　落料凸模的加工工艺

工序号	工序名称	工序内容	工序简图
10	下料	$\phi 75 \times 76$	
20	锻造	锻至六面体 $82 \times 54 \times 70$	
30	热处理	退火（210~260 HBS）	
40	铣	铣六面至 $76 \times 48 \times 62$	
50	磨	磨 76×48 两面及两直角侧面至 $Ra0.8 \mu m$	
60	钳工	去毛刺 划模具中心及凸模刃口轮廓线 钻 $\phi 6$ 穿丝孔	
70	热处理	按图要求，局部淬硬至 58~62 HRC	
80	磨	磨上下两面及一个侧面至 $Ra0.8 \mu m$，高度 61 mm	

工序号	工序名称	工序内容	工序简图
	线切割	(1) 工件正确定位、装夹 (2) 找正穿丝孔中心 (3) 正确编程 (4) 割凸模刃口，保证设计尺寸	
90	检验		
100	钳工	装配时铆开尾部	

(3) 固定卸料板

固定卸料板如图4—4所示，其加工工艺见表4—3。

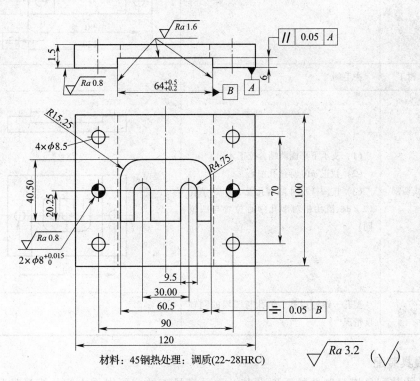

材料：45钢热处理：调质(22~28HRC)

图4—4　固定卸料板

表4—3　　　　　　　　　　固定卸料板的加工工艺

工序号	工序名称	工序内容	工序简图
10	下料	板材 130×110×20	
20	铣	铣六面至尺寸 120×100×15.4	
30	热处理	调质 (22~28 HRC)	

续表

工序号	工序名称	工序内容	工序简图
40	磨	磨两面至 15 mm	
50	钳工	去毛刺，划中心线及槽口	
60	铣	（1）铣 64×6 导料槽 （2）钻、铰 ϕ10 穿丝孔，钻 2×ϕ5 穿丝孔 （3）钻 4×ϕ8.5 螺钉过孔	
70	钳工	去毛刺	
80	线切割	（1）支承下平面两端，校正 A 面 （2）找正 ϕ10 穿丝孔中心 （3）按图样尺寸割型孔及 2×ϕ8 销孔（2×ϕ8 销孔相对型孔中心位置与凹模同）	
90	检验	型孔、螺钉过孔、销孔与凹模的同轴度情况	

3. 模具装配

模具的装配是模具制造的重要环节，也是模具工的主要操作内容。模具的装配过程可分为部件装配和总装配，此模具中，部件装配仅为凸模与固定板的装配，二者为过渡配合，装配要点是凸模压入时要注意检测和调整刃口面与固定板基准面的垂直度，凸模尾部铆开时应注意不得破坏凸模与固定板的位置关系，具体请参见第三章相关内容。下面详细介绍此模具总装配工艺过程。

（1）基准件的选择与固定

为间隙调整和操作方便，这里选择落料凹模为基准件，首先将其固定于下模座，方法如下。

1）划上、下模座的模具中心线。由于模柄为螺钉紧固形式，可将标准模架按图 4—5 所示闭合，在铣床上分别划上、下模座的模具中心线，以保证上、下模中心重合。随后，可以模具中心线为基准对上模座的模柄紧固孔进行划线、钻孔、攻螺纹。

2）划凹模压力中心线。在凹模面及四周侧面涂上蓝油，按图样尺寸划模具中心线，并延伸至四周侧面。

3）凹模定位。将凹模与下模座的模具中心划线对齐，注意凹模方位，定位后将二者夹紧。

4）引螺纹孔。将凹模的 $4 \times \phi 8.5$ 孔中心复制到下模座上，拆去凹模，按所引窝坑标记，加工下模座的 $4 \times M8$ 螺纹孔。

5）引销钉孔和漏料孔。在下模座表面均匀涂上蓝油，用螺钉将凹模紧固于下模座，以凹模的销钉孔为引导，钻、铰下模座的 $2 \times \phi 8$ 销孔。然后沿凹模漏料孔缘在下模座上划线。

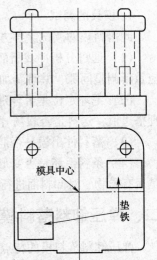

图 4—5　划模座中心线

6）加工下模座漏料孔。拆去凹模，在下模座上将划线外移 1 mm，按图 4—6 所示形状划线、打样冲，并于两直角处钻孔。按线铣漏料孔。

7）装配凹模。用销钉和螺钉将凹模固定于下模座，检查下模座漏料孔，修理不可靠处。

（2）固定凸模组件

1）用垫片法（0.06 mm 的塞尺）调整凸、凹模间隙均匀，从而确定凸模固定板位置，夹紧后与上模座组合加工 $2 \times \phi 8$ 销孔和螺纹底孔。

2）加工固定板螺纹孔和上模座螺钉过孔，用销钉、螺钉重新固定凸模组件于上模座。

（3）卸料板的装配

由于卸料板的定位孔已经加工，可直接装配，然后小心合模，观察凸模与卸料板型孔是否干涉及间隙是否均匀，若严重不良，需重新制作卸料板。

（4）其他零件装配

1）挡料板的装配。挡料板如图 4—7 所示，装配时需保证与凹模面贴合，挡料面尺寸可在模具调试时修正。

2）模柄的装配。模柄的装配简单，不予赘述。

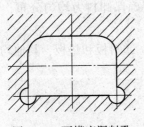

图 4—6　下模座漏料孔

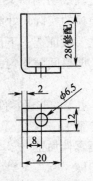

图 4—7　挡料板

4. 模具的调试

此落料模的调试除各方面的安全事项外，应关注以下要点。

（1）通过分析冲裁断面，判断冲裁间隙均匀度是否满足毛刺要求，若不符合要求，应重新调整间隙，并重新加工固定板与上模座的定位销孔。

（2）毛坯定位是否合理，包括条料与导料面的间隙、挡料面的位置等能否保证合理搭边值，送料是否顺畅等，若有不良，应修磨导料面和挡料面至合理状态。

（3）落料件出模是否通畅，若有阻塞现象，应及时修磨漏料孔到出件安全状态。

（4）条料毛坯是否变形。如果有严重变形，应检查卸料面与凹模面的平行度，或是否有异物，对卸料面进行必要的清洁和磨削加工，保证卸料力均匀。

二、弹压卸料落料模

弹压卸料落料模的特点是卸料平稳，在冲裁前卸料板先行压料，坯料不易变形。工件出模有下出件和上出件两种方式，上出件时，凹模型腔不积料，有利于模具寿命的提高，落料件平整度好，但需弹顶装置，模具复杂，由于取件频繁，生产效率也受到影响。

如图4—8所示为某落料件及其弹压卸料落料模，现细述其制造工艺过程。

1. 准备工作

（1）读图

落料件材料为10钢，料厚0.8 mm，较薄，坯料刚度较差，初始冲裁间隙的合理范围较小；零件形状较复杂，尺寸中等，尺寸精度也属经济精度；用条料生产，直对排样，一模一件。

落料模采用后侧滑动导向模架，凸模为直通结构，与固定板小间隙配合，并以支承销11与固定板连接，以固定凸模并承受卸料力；工作时坯料以导料销4和挡料销19定位，上模下行，卸料板17在橡胶块5的弹性力作用下首先压住条料，随后凸模下行完成落料冲裁，上模回程时，卸料板将条料的搭边余料从凸模上平衡卸下，同时制件从凹模及下模座的漏料孔落下。

（2）工艺要点分析

由于冲裁间隙较小，且制件形状复杂，凸、凹模刃口的加工是零件制造的关键，若采用快走丝线切割加工，电规准及电极丝张紧度等要素需控制较好。固定板的型孔加工需与凸模的实际尺寸配制，保证与凸模单边0~0.01 mm的间隙。卸料板的加工较简单，主要保证上、下面的平面度及其平行度要求。模具装配应采用透光法或镀铜法保证凸、凹模间隙均匀，另外，卸料板的装配要确保卸料力均匀分布，卸料板滑动平稳。

此模具主要的非标零件有凹模、凸模、固定板、卸料板和垫板，其他均可选用相关标准零件或部件。

2. 主要零件加工

（1）凹模

如图4—9所示为凹模零件，其加工工艺见表4—4。

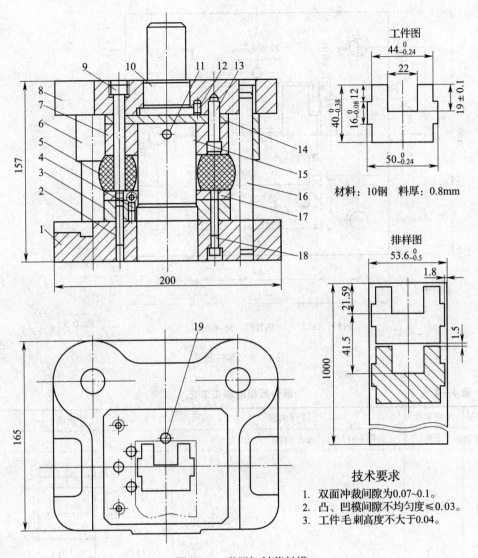

工件图

材料：10钢　料厚：0.8mm

排样图

技术要求

1. 双面冲裁间隙为0.07~0.1。
2. 凸、凹模间隙不均匀度≤0.03。
3. 工件毛刺高度不大于0.04。

图4—8　弹压卸料落料模

1—下模座　2—销钉　3—凹模　4—导料销　5—橡胶　6—导套　7—凸模固定板

8—上模座　9—卸料螺钉　10—模柄　11—支承销　12—防转销　13—紧固螺钉

14—垫板　15—凸模　16—导柱　17—卸料板　18—紧固螺钉　19－挡料销

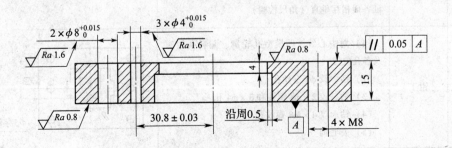

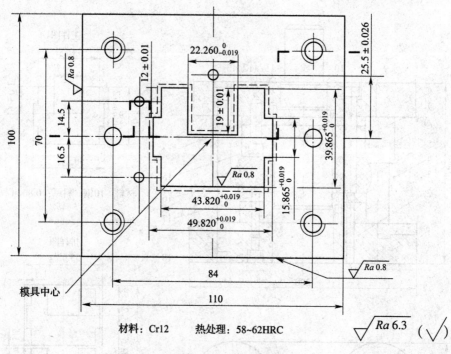

材料：Cr12　　热处理：58~62HRC　　$\sqrt{Ra\ 6.3}$ （ $\sqrt{}$ ）

图 4—9　落料凹模

表 4—4　　　　　　　　　　　　落料凹模的加工工艺

工序号	工序名称	工序内容	工序简图
10	下料	圆钢下料尺寸：$\phi 55 \times 120$	
20	锻造	锻件尺寸：$116 \times 106 \times 21$	
30	热处理	退火	
40	铣	铣六面至尺寸 $110.4 \times 100.4 \times 16$	
50	磨	磨上、下平面及两直角侧面至 $Ra0.8\ \mu m$，保证各面相互垂直（角尺检验）	
60	钳工	（1）划中心线、凹模型孔轮廓、漏料孔轮廓及各孔位置 （2）钻、铰 $\phi 5$ 穿丝孔 （3）钻、铰 $2 \times \phi 8$ 销孔和 $3 \times \phi 4$ 孔 （4）钻、攻 $4 \times M8$ 螺纹孔 （5）去毛刺	

工序号	工序名称	工序内容	工序简图
70	铣	铣漏料孔	
80	钳工	修漏料孔未铣到的部分；各处去毛刺	
90	热处理	淬火 + 低温回火 58 ~ 62 HRC	
100	磨	磨上、下平面及两直角侧面至尺寸，保证各面相互垂直	
110	钳工	清洁穿丝孔	
120	线切割	（1）工件正确定位 （2）找正穿丝孔中心 （3）正确编程 （4）割凹模型孔，满足尺寸要求	
130	钳工	抛光刃口面及销孔，清洁各螺纹孔，修漏料孔的不良之处	
140	检验		

（2）凸模

落料凸模如图 4—10 所示，其加工工艺见表 4—5。

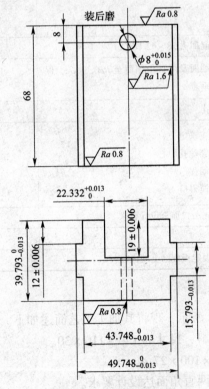

材料：Cr12　热处理：58 ~ 62 HRC

图 4—10　落料凸模

表4—5　　　　　　　　　　落料凸模的加工工艺

工序号	工序名称	工序内容	工序简图
10	下料	圆钢下料尺寸：$\phi 60 \times 128$	
20	锻造	锻件尺寸：$75 \times 52 \times 84$	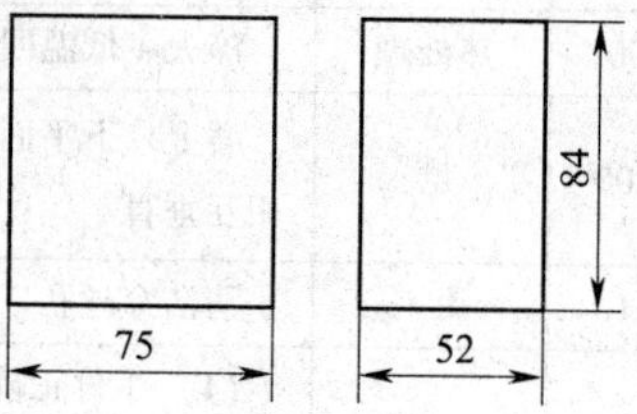
30	热处理	退火	
40	铣	铣六面到 $69 \times 46 \times 78$	
50	磨	磨上、下端面及两直角侧面至 $Ra0.8\ \mu m$，保证各面相互垂直（角尺检验）	
60	钳工	（1）划中心线、$\phi 8$ 横向孔、穿丝孔位置，保证上端面 0.5 mm 磨削余量 （2）钻、铰 $\phi 8$ 孔和 $\phi 10$ 穿丝孔	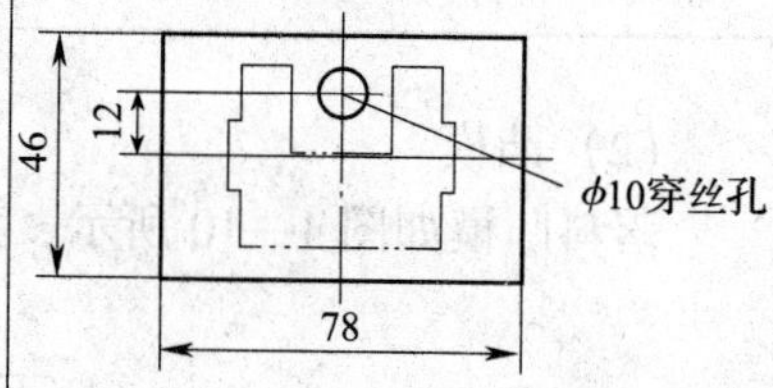
70	热处理	淬火 + 低温回火 58 ~ 62 HRC	
80	磨	磨上、下端面及两直角侧面至 $Ra0.8\ \mu m$，保证各面相互垂直	
90	钳工	清洁穿丝孔	
100	线切割	（1）工件正确定位 （2）找正穿丝孔中心 （3）正确编程 （4）割凸模刃口	
110	钳工	精修、抛光刃口面至设计要求	
120	检验		
130	磨	装配后与固定板配磨上端面。	

（3）固定板

凸模固定板如图4—11所示，现将其加工工艺简述如下。

1）备料：切割钢板下料，尺寸为 $120 \times 110 \times 30$。

2）铣：铣六面至 $110 \times 100 \times 27.4$。

3）磨：磨上、下面及两直角面达设计要求。

4）钳工：划模具中心线、型孔轮廓线及 $4 \times \phi 9$，于型孔内对称线上划穿丝孔位置；钻穿丝孔、$4 \times \phi 9$ 及其沉孔；去毛刺。

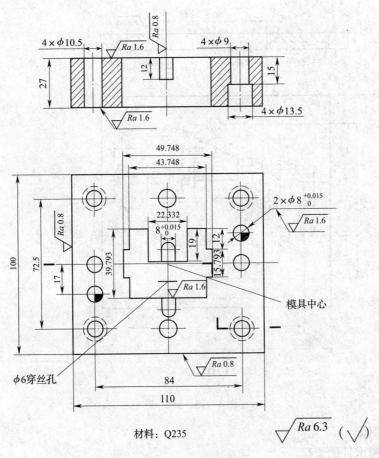

材料：Q235

图 4—11 凸模固定板

5）线切割：根据凸模实际尺寸割固定板型孔，与凸模双面间隙 0.02。

6）铣：找正型孔对称中心，铣 8×12 槽口。

7）钳工：修型孔达配合要求。

8）检验。

9）钳工：装配时与相关件组合加工 2×φ8 和 4×φ10.5 孔。

（4）卸料板

卸料板如图 4—12 所示，其加工工艺较为简单，但有些工序内容也需在装配时与固定板、上模座组合加工，大致工艺过程如下。

1）备料：切割钢板下料，尺寸为 120×110×15。

2）铣：铣六面至 110×100×8.5。

3）磨：磨上、下面及两直角面达设计要求。

4）钳工：划模具中心线及各孔位并打样冲。划型孔轮廓，钻 3×φ8.5 及穿丝孔。

5）线切割：按凸模实际尺寸割型孔，保证与凸模单面间隙 0.15～0.2 mm。

6）检验。

7）钳工：装配时与固定板定位后加工 4×M8 螺纹孔。

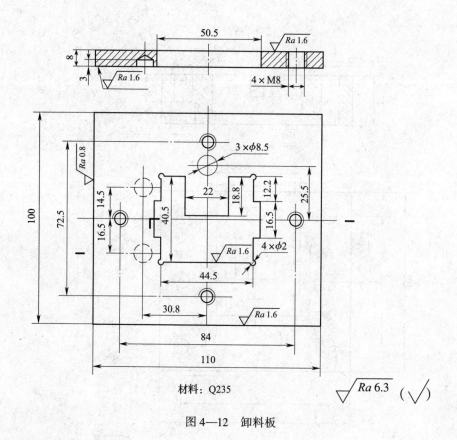

材料：Q235

$\sqrt{}Ra\,6.3\;(\sqrt{})$

图 4—12　卸料板

3. 模具装配

（1）凸模组件的装配

检查支承销、凸模和固定板的配合尺寸和表面状态，修配良好后将支承销压入凸模的横向 $\phi8$ 孔内，使两侧悬伸长度相等，再将凸模压入固定板型孔，至支承销与固定板槽底良好接触，最后在磨床上磨凸模上端面与固定板基面共面，如图 4—13 所示。

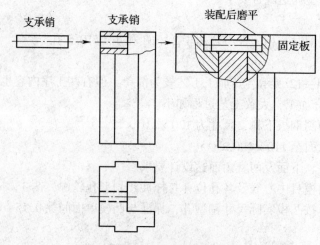

图 4—13　凸模组件的装配

（2）模柄的装配

模柄的装配过程比较简单，重要的是模柄的中心位置必须基本位于模座装配零件区域的几何中心，同时也是模具的压力中心，且需上、下模座中心一致。模座的加工方法是：将模架合模，上、下模座之间垫以等高垫铁，压紧后，按划线粗略找正模座中心，上、下模座一体钻孔（大小视模柄及漏料孔尺寸而定，此模具可钻 $\phi20$ mm 孔），如图 4—14 所示。然后，上模座单独镗孔，压入模柄，端面磨至与模座共面，钻骑缝孔，打入防转销。

（3）固定基准件——凹模

选择凹模作为总装配的基准件，其装配过程如下。

1）下模座漏料孔的加工。以 $\phi20$ mm 孔位基准，划模具中心线和漏料孔轮廓，按线铣孔后，钳工修磨角部，达漏料尺寸要求。

2）凹模定位。凹模侧面划中心线位置，与下模座中心线对齐定位，同时检查漏料孔衔接情况，调整合适后夹紧凹模与下模座。

3）引钻下模座的销钉和螺钉过孔。

4）用销钉、螺钉紧固凹模于下模座。

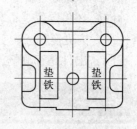

图 4—14　模座的一体钻孔

（4）凸模组件的固定

上、下模倒置，支承于平板，以透光法控制凸、凹模间隙均匀，调整凸模组件位置，位置合适后将固定板与上模座夹紧。然后按固定板上的划线与模座组合加工螺纹底孔，拆开后，分别攻螺纹孔和钻螺钉过孔到尺寸。

用螺钉将固定板与上模座固定（半紧状态），再次合模，调整均匀凸、凹模间隙，锁紧螺钉，按固定板的划线与模座一体同钻铰 $2\times\phi8$ 销孔，压入销钉。

（5）卸料板的装配

在凸模组件安装完毕后，卸料板的装配可按如下步骤进行。

1）定位。将上模倒置支承，将卸料板按工作方位套在凸模上，用垫片法调整凸模与卸料板间隙均匀，压紧。

2）一体引孔。按卸料板的划线位置钻 $4\times M8$ 底孔，并穿过固定板将孔位引至上模座。

3）拆除卸料板，加工 $4\times M8$，固定板与上模座一体扩卸料螺钉过孔，模座底面扩、锪沉孔到尺寸，并且等深。

4）装卸料板。凸模周边均匀布置等厚橡胶块，套上卸料板，装入并拧紧卸料螺钉，应保证卸料板与凸模的间隙均匀，压料面与凸模侧面垂直，凸模端面缩进卸料板面 0.5 mm。

（6）其他零件装配

由于垫板与各销钉、螺钉之间间隙很大，可直接按划线加工，在固定板二次调整位置时可将垫板置入。

导料销和挡料销可按尺寸加工后直接装入凹模，待模具调试时修配。

4. 模具调试

安装模具前，仔细检查凸、凹模刃口状态，漏料是否可靠，导料销和挡料销是否与卸料板干涉，各处螺钉是否拧紧等。若有不良处，应调整到良好状态。

试冲前，应将合模高度调整至凸、凹模刃口吃入深度为 0.3~0.5 mm 为宜，不可吃入太深，以防损坏刃口。若试冲时发现刃口吃入不够，坯料不能完全分离，应移动坯料，杜绝原位置"二次冲裁"，否则易损坏刃口。除此之外，试模过程中应注意以下几方面情况。

（1）观察冲裁断面，若有不良，应分析原因，如果刃口间隙不合理，应考虑重新调整、装配，或重新制造工作零件。

（2）卸料是否可靠，若卸料板的运动有阻涩现象，应分析原因（橡胶块是否等高、均布，卸料螺钉是否等长、拧紧等），加以调整。

（3）坯料定位是否合理，各向搭边值是否合适，若不当应拆下导料销、挡料销修磨，或直接更换。

（4）出件是否顺畅，若不畅应修磨漏料孔，保证正常出件。

第二节　典型冲孔模的制造

培训目标

→ 能够正确识读冲孔模的装配图和模具零件图
→ 能够理解典型冲孔模的制造工艺
→ 能够与其他工种协作、配合，完成模具零件的制作
→ 能够正确进行冲孔模装配阶段的操作，完成模具的装配
→ 能够配合其他工种进行试模，能正确调整模具至良好技术状态

作为单工序冲模，冲孔模与落料模的最大区别是冲压毛坯的不同，冲孔模的冲压坯料必为工序件，可以是平板冲裁件（如落料件）毛坯，也可以是成形件（如拉深件）毛坯，而落料模的冲压坯料必定为平板件，通常为板料或条料。因此，冲孔模的坯料定位要求比落料模高得多，下面以两个案例阐述其制造工艺。

一、平板件冲孔模

平板件冲孔模的坯料一般通过定位板或定位销对坯料外缘或已有的孔进行定位。如图4—15所示为一落料件的简单冲孔模，产品的生产批量较小，但有三种规格，模具结构适应了这种生产条件，现分析其制造工艺如下。

1. 读图及工艺分析

由于冲压件为多品种、小批量生产，为降低模具成本，采用了柔性较好的简单模具结构，主要体现在两个方面，一是凸、凹模均采用快换结构，可以在机更换零件（松开紧固螺钉1，可直接更换凸模，松开紧固螺钉7，可从底部向上敲出凹模，并压入新

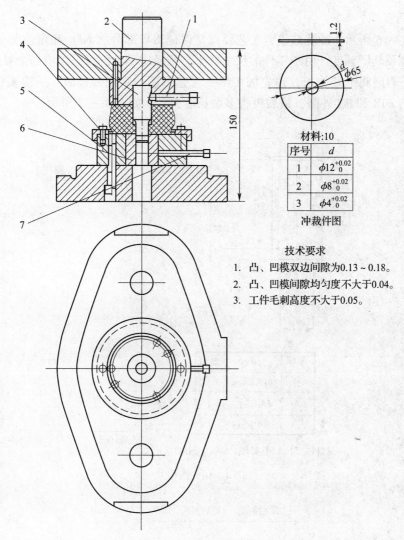

材料:10

序号	d
1	$\phi 12^{+0.02}_{0}$
2	$\phi 8^{+0.02}_{0}$
3	$\phi 4^{+0.02}_{0}$

冲裁件图

技术要求

1. 凸、凹模双边间隙为0.13～0.18。
2. 凸、凹模间隙均匀度不大于0.04。
3. 工件毛刺高度不大于0.05。

图4—15 落料件冲孔模

1、7—紧固螺钉 2—模柄 3—凸模 4—定位圈 5—凹模座 6—凹模

凹模），快捷实现产品换型生产；二是取消了卸料板，直接代以橡胶块，虽然压料的均衡性稍差，寿命也短，但结构简单，成本低，便于更换。另外，为简化模具结构，取消了独立的凸模固定板，凸模直接固定于压入式模柄。毛坯定位采用定位圈，方便可靠，缺点是出件操作不是很方便。

由于冲裁间隙较大，间隙均匀度允差为 0.04 mm，凸模与模柄取 H6/h5 间隙配合，凹模与凹模固定板为 H7/m6 过渡配合，能满足间隙均匀度要求。

由于模柄兼作凸模固定板，不可选用标准件，因此该模具的非标零件有凸模、凹模、模柄、凹模座和定位圈，其余均为标准零件（或部件），可直接选购。

2. 主要零件制造

该模具的非标零件均为圆柱类回转体，无需特殊加工手段，现对其加工工艺过程作简单介绍。

（1）凸模

如图4—16所示为冲孔凸模，工艺要点是保证刃口部分（ϕd）和定位部分（$\phi 18$）的尺寸精度及其同轴度。由于零件的尺寸较小，长径比不大，可采用增加余料的方法加工，即：下料时将毛坯加长，预先加工出一工艺台阶，磨削外圆时，一次夹持$\phi 15$工艺面，磨削$\phi 18$和ϕd外圆，最后再将多余长度去除，如图4—17所示。

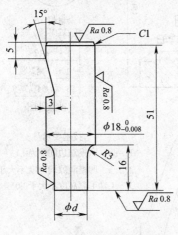

序号	d	数量
1	$\phi 12.1_{-0.02}^{0}$	1
2	$\phi 8.1_{-0.02}^{0}$	1
3	$\phi 4.1_{-0.02}^{0}$	1

材料：T10A　热处理：56~60 HRC

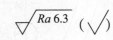

图4—16　凸模

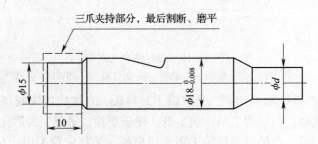

图4—17　凸模磨削方案

以序号2的凸模为例，其加工工艺如下。

1）备料。圆钢下料，尺寸为$\phi 20 \times 65$。

2）车。车出图4—17所示形状，$\phi 18$和$\phi 8.1$外圆均留磨削余量0.3~0.35 mm，刃口端面留余量0.4 mm。

3）铣。铣15°斜槽。

4）检验。

5）热处理。56~60 HRC。

6）磨。按图 4—17 所示，一次夹持 $\phi15$ 工艺面，磨 $\phi18$ 和 $\phi8$ 外圆到尺寸。

7）检验。

8）线切割。去除工艺余料。

9）磨。磨两端面到尺寸。

10）检验。

（2）凹模

凹模如图 4—18 所示，属于套类零件，工艺要点是保证内、外圆的尺寸精度及其同轴度。可以用线切割跳步加工内、外圆柱面，也可用类似凸模的加工方法，一次装夹后依次磨内、外圆到尺寸。从效率、成本方面考虑，用磨削工艺较合理。

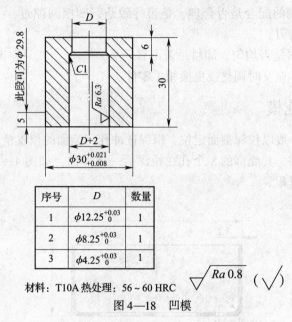

序号	D	数量
1	$\phi12.25^{+0.03}_{0}$	1
2	$\phi8.25^{+0.03}_{0}$	1
3	$\phi4.25^{+0.03}_{0}$	1

材料：T10A　热处理：56~60 HRC

图 4—18　凹模

以序号 2 的凹模为例，其加工工艺如下。

1）备料。圆钢下料，尺寸 $\phi35 \times 35$。

2）车。车内、外圆成形，$\phi30$ 外圆留余量 0.35~0.4 mm，$\phi8.25$ 凹模孔留余量 0.3~0.35 mm，两端面各留余量 0.3~0.4 mm。

3）检验。

4）热处理。56~60 HRC。

5）磨。在万能外圆磨床上，夹持外圆（夹头长约 5 mm），校正刃口端跳动，依次磨内、外圆到尺寸。然后掉头将夹持部分磨至 $\phi29.8~29.9$ mm。

6）磨。平面磨床上磨两端面到尺寸。

7）检验。

3. 模具装配

由于模具结构简单，工作零件均为快换形式，此模具的装配可按以下步骤进行。

（1）模座镗孔。自然闭合模架，夹紧后于模具中心一体镗上模座的模柄装配孔和下模座的漏料孔。

（2）装配模柄。压入模柄，磨端面与模座平面平齐，钻骑缝孔，打入防转销钉。

（3）装配凹模座。制作二类工具如图 4—19 所示，将其下端装入凹模座，合模时，调整凹模座位置，使其上端进入模柄的孔内，即确定了凹模座的位置，与下模座夹紧后，一体加工销钉孔和螺纹底孔即可。最后将凹模座用销钉和螺钉固定。

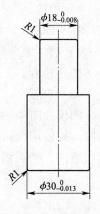

（4）装入凸模、凹模，拧紧紧固螺钉。

（5）装上定位圈和橡胶块。

4. 模具调试

此模具调试应重点关注的内容主要有以下几点。

（1）凸模与模柄的配合是否合理，是否导致凸、凹模间隙过分不均匀，或发生啃刃。

（2）橡胶块压料是否均匀，卸料是否可靠。

如有上述问题，应及时调整或更换相关零件。

图 4—19　二类工具

二、拉深件冲孔模

拉深件的冲孔一般以拉深型面定位，以保证冲孔与型面的位置精度。如图 4—20 所示为一圆筒形拉深件，其底部的 8 个孔在拉深后一次冲出，如图 4—21 所示为冲孔模，现分析其制造工艺过程。

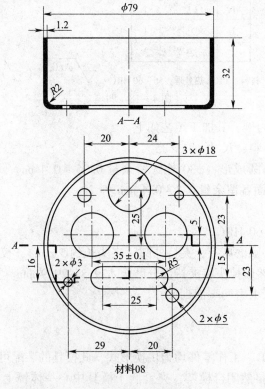

图 4—20　拉深件

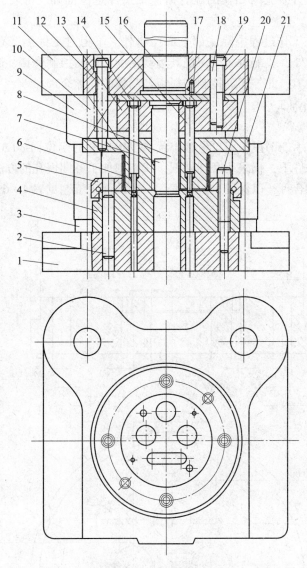

图4—21　拉深件冲孔模

1—下模座　2、18—圆柱销　3—导柱　4—凹模　5—定位圈
6、7、8、15—凸模　9—导套　10—弹簧　11—上模座　12—卸料螺钉
13—凸模固定板　14—垫板　16—模柄　17—防转销　19、20—内六角螺钉　21—卸料板

1. 读图及工艺分析

此模具为多孔冲孔模，工作时，拉深工序件由定位圈5对其外圆柱面定位，上模下行，卸料板21首先压紧拉深件底部，继而各凸模进行冲孔，上模回程时，卸料板弹压卸料，冲孔废料由漏料孔落下。

凹模为整体结构，定位圈以凹模外圆定位；冲圆孔凸模为通长结构，冲长孔凸模为直通结构，与固定板翻铆固定；卸料板为台阶形，以适应工件形状。模具制造要点如下。

（1）定位圈尺寸及其与凹模的配合需保证工件定位准确、可靠，两零件的加工需满足毛坯定位要求。

（2）卸料板在工作过程中除底部平面压料外，不得对工件侧壁有任何干涉。因此除卸料板尺寸正确外，装配时必须保证其运动精度，严格控制弹簧、卸料螺钉的选用以及上模座沉孔的加工，此外还需控制卸料板与凸模的间隙合理。

2. 主要零件的加工

（1）凹模

如图4—22所示，凹模各刃口坐标位置均以定位圈的定位面 $\phi120$ 中心为基准，在没有坐标磨床的条件下，仍采用磨削外圆、线切割加工各凹模孔的方法。加工各凹模孔时，定位方式必须合理，以保证定位精度。凹模的加工工艺见表4—6。

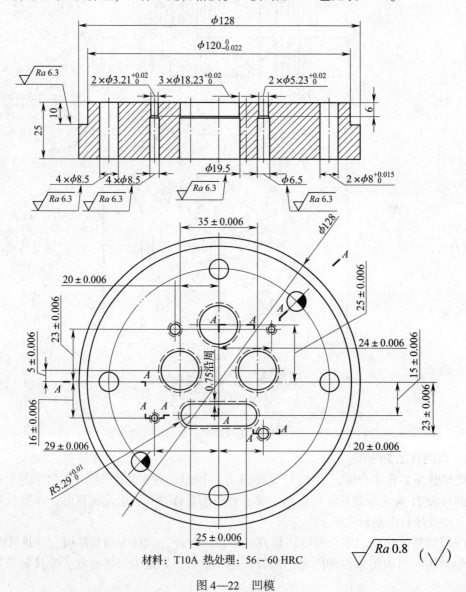

材料：T10A 热处理：56~60 HRC

图4—22 凹模

表 4—6　　　　　　　　　　　凹模的加工工艺

工序号	工序名称	工序内容	工序简图
10	下料	圆钢下料尺寸：$\phi130 \times 30$	
20	车	车外形成形，留余量	
30	磨	磨 $\phi120$ 和 $\phi128$ 外圆至 $Ra0.8\,\mu m$	
40	磨	磨上、下平面至 $Ra0.8\,\mu m$	
50	数控铣	(1) 找正外圆柱面 (2) 钻穿丝孔 $2 \times \phi2$、$2 \times \phi3$、$3 \times \phi6$ (3) 铣长形孔，单面留余量 2.5，反面铣漏料孔	
60	钳工	(1) 扩圆凹模孔的漏料孔 (2) 划线、加工 $4 \times \phi8.5$ 螺钉过孔及 $2 \times \phi8$ 销钉 (3) 去毛刺	
70	检验		
80	热处理	$56 \sim 60$ HRC	
90	磨	(1) 夹持大端外圆，磨 $\phi128$、$\phi120$ 到尺寸 (2) 夹持 $\phi120$ 磨 $\phi127.5$	
100	磨	磨上、下平面到尺寸	
110	钳工	清洁各穿丝孔	
120	线切割	(1) 校正长形孔平面定位、装夹 (2) 火花找正 $\phi128$ 外圆中心 (3) 加工各凹模孔	
130	钳工	清洁、抛光	
140	检验		

（2）卸料板

卸料板如图4—23所示，为保证各孔与凸模间隙合理，各孔的坐标尺寸也须严格控制，故应在坐标镗床或数控铣床上加工。其工艺过程如下。

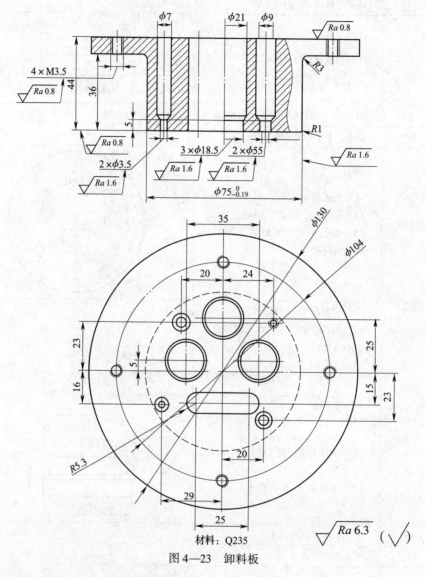

材料：Q235

图4—23　卸料板

1）备料。圆钢下料，尺寸 $\phi 135 \times 50$。

2）车。车外形成形，高度留余量 0.5 mm，$\phi 75$ 到尺寸，保证表面粗糙度要求。

3）磨。磨上、下面到尺寸。

4）数控铣。找正 $\phi 75$ 外圆，钻各圆形孔，铣长形孔到尺寸。

5）钳工。扩台阶孔。装配时加工 $4 \times M6$。

6）检验。

（3）其他零件

其他非标零件有凸模、凸模固定板和定位圈等，简单分析其加工要点如下。

1）凸模的加工与前述案例比较基本没有特殊之处，圆形凸模由普通磨床加工到尺寸，长形孔凸模用线切割加工，注意局部热处理的要求，可参照前面类似案例。

2）凸模固定板需保证各凸模固定孔的形状尺寸及位置坐标，孔与凸模过渡配合，各凸模坐标位置与凹模相同，但基准不需像凹模一样严格校正。由于无需淬硬处理，可在坐标镗床或数控铣床上加工，也可用线切割加工方法。

3）定位圈加工工艺简单，可精车成形，螺钉过孔按划线加工。

3. 模具装配

此模具的装配可按下述步骤进行。

（1）凸模组件装配

将各凸模依次压入固定板，冲长形孔凸模尾部翻铆，最后将所有凸模尾端磨至与固定板基面平齐，再磨刃口端面等高，刃口锋利。

（2）模柄装配

模架闭合，镗模柄固定孔，并在下模座表面钻出窝坑，以便确定凹模安装位置。然后压入模柄，磨平大端面，钻骑缝孔并装入防转销钉。

（3）固定凹模

1）在下模座上以窝坑为圆心划凹模外圆轮廓，将凹模按划线以正确方位定位，与下模座夹紧。

2）以凹模的螺钉过孔为引导，钻模座的螺纹底孔，移去凹模，加工模座的 $4 \times M8$ 孔。

3）用螺钉将凹模紧固于下模座，钻、铰销孔 $2 \times \phi 8$。将各凹模孔中心（含长形凹模孔的圆弧中心）引至下模座面，拆除凹模。

4）在下模座上按引孔窝坑钻漏料孔，铣长形漏料孔。

5）用螺钉、销钉将凹模重新紧固，检查各漏料孔是否存在干涉，若有，对漏料孔加以修正。

（4）固定凸模组件

1）用垫片法调整凸、凹模间隙均匀（仅对长形孔和最远的 1 个 $\phi 18$ 孔的凸、凹模），压紧固定板，按划线与上模座一体钻螺纹底孔，固定板攻螺纹，上模座扩螺钉过孔。

2）用螺钉将凸模组件、凸模垫板固定于上模座，至似紧非紧状态。再次合模，同上一步方法控制间隙均匀，拧紧螺钉。与上模座一体钻铰 $2 \times \phi 8$ 销孔，装入销钉。

（5）装配卸料板

1）将卸料板套在凸模上，用垫片法调整凸模与卸料板型孔的间隙均匀，将卸料板与上模夹紧。

2）按卸料板的划线钻 $4 \times M6$ 底孔，并将孔位引到固定板和上模座。拆开后，攻卸料板的 $4 \times M6$ 孔，钻固定板和上模座的螺钉过孔，上模座扩、锪沉孔，保证沉孔深度相等。

3）装上同种规格弹簧，用同种合适规格卸料螺钉紧固卸料板。保证卸料板压料面平行模座平面，运动无阻涉。

（6）装配定位圈

拆去凹模紧固螺钉，装上定位圈，重新装入螺钉即可。

4. 模具调试

此模具在调试时，应注意以下事项。

（1）正确安装模具后，起初的试冲件可以平板坯料代替拉深件，检查凸、凹模刃口状态及间隙是否正常，卸料是否可靠，卸料板运动是否平稳、顺畅，漏料是否通畅等，若有不良之处，调整、修复正常。然后用拉深件试模。

（2）用拉深件试模时，首先检查毛坯定位是否合理、可靠，定位间隙是否过大或过小等，有不合理之处应先调整、修复至合理状态。

（3）试冲时，观察卸料板运动过程中是否干涉毛坯，若有，应调整卸料板。

单元测试题

一、手工修配题

1. 如图 4—24 所示为冲腰形长孔的凸模，单件制造，其加工工艺见表 4—7。请完成 110 工序的操作。评分标准见表 4—8。

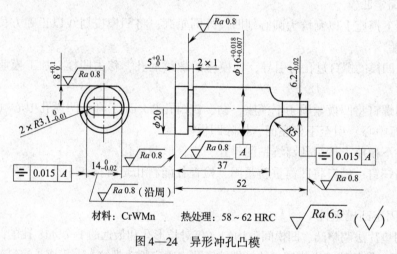

材料：CrWMn　　热处理：58 ~ 62 HRC

图 4—24　异形冲孔凸模

表 4—7　　　　　　　　　　　　异形凸模的加工工艺

工序号	工序名称	工序内容	工序简图
10	下料	$\phi20 \times 60$	
20	车	（1）车端面，光 $\phi20$ （2）夹持 $\phi20$ 外圆，车削各部分	
30	检验		

工序号	工序名称	工序内容	工序简图
40	铣	分度头夹持 $\phi20$，校正跳动，铣刃口平面，单面留余量 0.3 mm，注意对称度	
50	检验		
60	热处理	淬火 + 回火，58 ~ 62 HRC	
70	外圆磨	(1) 三爪夹持 $\phi20$，校正端部跳动 (2) 磨 $\phi16$ 到尺寸，以及两圆弧最高点 $\phi14_{-0.02}^{0}$	
80	检验		
90	磨平面	利用二类工具在平面磨床上磨刃口平面，保证尺寸 $6.2_{-0.02}^{0}$，及对称度	
100	检验		
110	钳工	制作一检查样板，板厚 2 ~ 3 mm，槽口面须抛光 利用检查样板，修磨圆弧刃口，使用时将样板从侧面靠向刃口，逐步磨去干涉部分（可用红丹涂抹于样板内弧面），直到圆角完全吻合 砂纸抛光	
120	磨	磨尾部防转平面。可用砂轮机去余量，装配时修配，也可在工具磨床上加工	
130	磨端面	装配后磨尾部与固定板同面，再磨刃口端面	

表 4—8　　　　　　　　　　　修配刃口评分标准

序号	检测项目	配分	自验结果	量、检具	得分
1	$R3.1_{-0.01}^{0}$（两处）	60			
2	$Ra0.8\ \mu m$（两处）	20			
3	外观	10			
4	安全文明生产	10			
	合计	100	成绩		

2. 凹、凸翻转组合配作。项目如图4—25所示，内容要求如下。

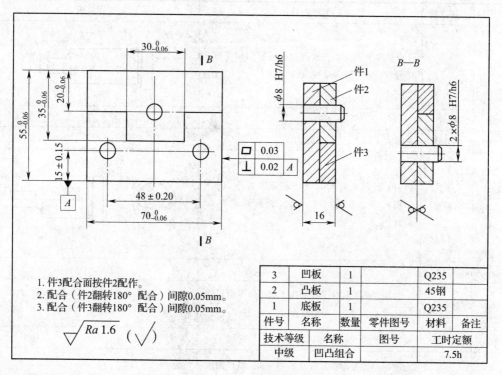

1. 件3配合面按件2配作。
2. 配合（件2翻转180°配合）间隙0.05mm。
3. 配合（件3翻转180°配合）间隙0.05mm。

$\sqrt{Ra\,1.6}$ $(\sqrt{\quad})$

3	凹板	1		Q235	
2	凸板	1		45钢	
1	底板	1		Q235	
件号	名称	数量	零件图号	材料	备注
技术等级	名称		图号	工时定额	
中级	凹凸组合			7.5h	

图4—25 凹、凸翻转组合

（1）分析项目图，制定加工工艺，并填写表4—9"加工工艺表"。
（2）按图样要求加工零件。
（3）评分标准见表4—10。
（4）整理工、量具，并清洁工位和工作场地。

表4—9 加工工艺表

工序号	工序内容	工艺装备	工时

工序号	工序内容	工艺装备	工时

表 4—10　　　　　　　　　　　凸、凹翻转配作评分标准

项目	序号	检测项目	配分	自验结果	量、检具	得分
件1	1	$70_{-0.06}^{0}$	3			
	2	$55_{-0.06}^{0}$	4			
件2	3	$70_{-0.06}^{0}$	3			
	4	$35_{-0.06}^{0}$	4			
	5	$20_{-0.06}^{0}$ （两处）	3×2			
	6	$30_{-0.06}^{0}$	4			
	7	$\phi 8H7$	3			
件3	8	$70_{-0.06}^{0}$	3			
	9	48 ± 0.20	4			
	10	15 ± 0.15 （两处）	3×2			
	11	$\phi 8H7$ （两处）	3×2			
配合	12	配合间隙 0.05 mm （15 处）	30			
	13	⬜ 0.03	3			
	14	⊥ 0.02 A	3			
其他	15	表面粗糙度 1.6 μm （16 处）	8			
	16	外观	5			
	17	安全文明生产	5			
合计			100	成绩		

二、模具装配题

如图 4—26 所示为弹压卸料上出件落料模，采用标准模架，各非标件主要型面已加工完毕，凸模组件也已经装配，完成模具的总装配。评分标准见表 4—11。

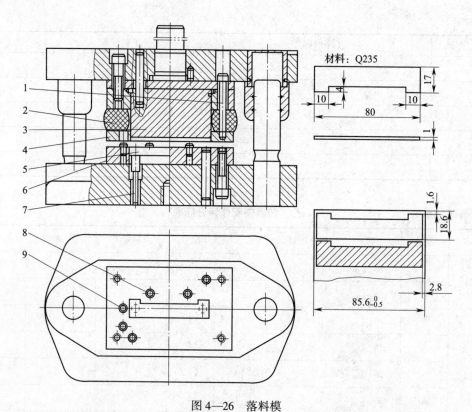

图4—26 落料模

1—卸料螺钉 2—橡胶块 3—凸模 4—卸料板 5—顶件板 6—凹模 7—顶杆 8—挡料销 9—导料销

表4—11   模具装配评分标准

序号	检测项目	配分	自验结果	量、检具	得分
1	凸、凹模紧固可靠、合理	10			
2	凸、凹模间隙均匀度	40			
3	卸料可靠，卸料板运动顺畅	20			
4	顶件可靠、顺畅	20			
5	安全文明生产	10			
合计		100	成绩		